舌尖上的化学

张成光　著

U0299179

南京出版传媒集团 南京出版社

图书在版编目（CIP）数据

舌尖上的化学 / 张成光著. -- 南京：南京出版社，
2022.12
ISBN 978-7-5533-3941-2

Ⅰ.①舌… Ⅱ.①张… Ⅲ.①化学—基本知识 Ⅳ.
①06

中国版本图书馆CIP数据核字（2022）第211792号

书　　名：舌尖上的化学
著　　者：张成光
出版发行：南京出版传媒集团
　　　　　南 京 出 版 社
　　　社址：南京市太平门街53号　　　邮编：210016
　　　网址：http://www.njcbs.cn　　　电子信箱：njcbs1988@163.com
　　　联系电话：025-83283893、83283864（营销）　025-83112257（编务）

出 版 人：项晓宁
出 品 人：卢海鸣
责任编辑：翟聪睿
装帧设计：王　俊
责任印制：杨福彬

排　　版：南京新华丰制版有限公司
印　　刷：南京凯德印刷有限公司
开　　本：787毫米×1092毫米　1/16
印　　张：7.5
字　　数：50千字
版　　次：2022年12月第1版
印　　次：2023年7月第2次印刷
书　　号：ISBN 978-7-5533-3941-2
定　　价：22.00元

用微信或京东
APP扫码购买

用淘宝APP
扫码购买

目 录

生命之源——水

你能描述一下水在人类生活、生产中的重要作用吗？

水是人类的生命之源。在地球上，哪里有水，哪里就有生命。人类的一切生命活动都起源于水。

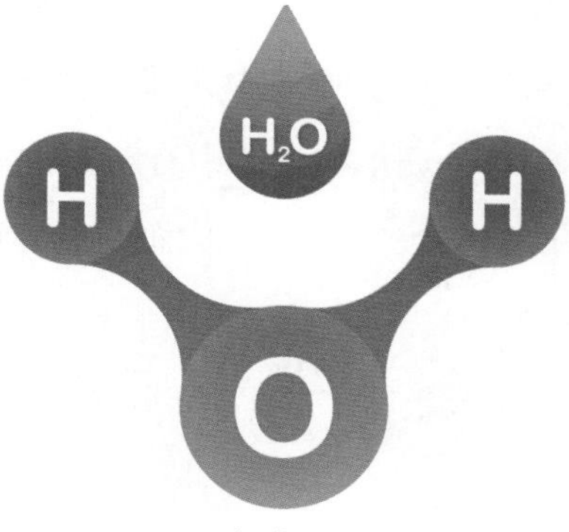

水是植物的生命源泉。水替植物输送养分；水使植物枝叶保持婀娜多姿的形态；水参加光合作用，制造有机物；水的蒸发使植物保持稳定的温度不致被太阳灼伤。

水是工业的血液。水，参加了工矿企业生产的一系列重要环节，在制造、加工、冷却、净化、空调、洗涤等方面发挥着重要的作用。

水分子

【化学小知识】

水是由氢（H）、氧（O）两种元素组成的无机物，分子式为 H_2O，在常温常压下，为无色无味的透明液体。一个标准大气压时，水的沸点为

100 ℃，凝固点为 0 ℃，密度为 $1.0 \times 10^3 \, kg/m^3$（4 ℃时）。冰的密度比水小，所以冰水混合物中冰浮在上面。水很稳定，在 2 000 ℃以上才开始分解。水能电离，$H_2O \rightleftharpoons H^+ + OH^-$ 或 $2H_2O \rightleftharpoons H_3O^+ + OH^-$。水在直流电作用下电解生成氢气和氧气，$2H_2O \xrightarrow{\text{通电}} 2H_2 \uparrow + O_2 \uparrow$，工业上用此法制纯氢和纯氧。水能与很多物质发生化学反应，如常温下能与钠等活泼金属反应，放出氢气；与非金属氧化物（如三氧化硫 SO_3 等）化合生成含氧酸（硫酸 H_2SO_4）；与金属氧化物（如氧化钙 CaO 等）化合生成碱〔氢氧化钙 $Ca(OH)_2$〕。水不仅是重要的反应物，还是重要的溶剂。

【想一想】

水在人体中有哪些重要的生理功能？

水是所有生命体生存的重要资源，也是生命体最重要的组成部分。水在生命演化中起重要作用。水是人体内含量最多的物质，约占成年人体重的60%~70%，血液中大部分物质都是水，肌肉、肺、大脑等器官中也含有大量的水分。水在人体中有着非常重要的生理功能。①调节体温：水能吸收代谢产物多余的热量，从而调节体内温度，如通过排汗和呼吸来调节温度，维持正常体温。②润滑组织：水具有润滑作用，如泪液、唾液的分泌，泪液防止眼球干燥，唾液利于吞咽食物。③帮助消化：水是构成唾液、胃液、胰液、肠液等消化液的主要成分，而食物的消化主要靠消化液来完成。④代谢作用：水参与体内一切物质的新陈代谢，帮助维持各种生理活动，没有水，人体内的一切代谢都将无法进行。⑤输送营养：水作为载体在人

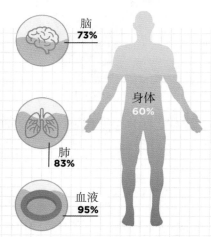

水在人体部位中的含量

体内输送养料和氧气，将氧气和营养物质带入细胞，并向体外输送代谢废物和毒素。⑥溶解作用：水是人体内良好的溶剂。许多营养物质必须溶于水才能被吸收。人体一切具有生理活性的物质必须溶解在水中才能发挥作用，同样，废物被排出体外也离不开水的作用。⑦缓冲作用：水能减轻关节、脏器及组织细胞相互之间的摩擦和冲撞，起到"减震"的作用，保持运动协调的状态，减少对身体的伤害。

【化学小应用】

生活中的饮用水多种多样，成分上也略有不同。天然水、自来水、矿泉水、纯净水、蒸馏水有什么区别？

天然水是地球表面各种形态的水的总称。含可溶性物质（如盐类、可溶性有机物和可溶性气体等）、胶体物质（如硅胶、腐殖酸等）和悬浮物（如黏土、水生生物、泥沙、细菌、藻类等）。如果作为饮用水，有些天然水通过简单处理即可饮用，如某些泉水、井水；而有些必须经过特殊的设备和处

饮用水示意图

理工艺处理后才能饮用，如河水、湖水、苦咸水等。

自来水是指通过自来水处理厂净化、消毒后生产出来的符合相应标准的供人们生活、生产使用的水。自来水消毒大都采用氯化法，用于自来水消毒的氯气（Cl_2）具有消毒效果好、费用较低、几乎不产生有害物质等优点。消毒剂除氯气外，还有二氧化氯（ClO_2）、臭氧（O_3），采用代用消毒剂可降低有害物质的生成量，同时提高处理效率。

自来水示意图

矿泉水是从地下深处自然涌出的或经人工开采的、未受污染的地下矿水，含有一定量的矿物盐、微量元素或二氧化碳气体。饮用经消毒处理的矿泉水时，应以不加热、冷饮或稍加温为宜，不宜煮沸饮用。保存矿泉水，宜冷藏，不宜冷冻。

纯净水简称净水或纯水，是纯洁、干净、不含有害杂质或细菌的水，是以符合生活饮用水卫生标准的水为原水，密封于容器内，且不含任何添加物，无色透明，可直接饮用。

蒸馏水是天然水经蒸馏处理后的水，不含任何矿物质，含有低沸点的有机物，可直接饮用。

人们每天都要补充一定量的水。食物中的营养物质，其中最容易被人们忽略的就是水。世界卫生组织（WHO）统计表明：85%以上的疾病和饮用不干净的水有关，不良水质可导致消化道疾病、结石病、皮肤病、糖尿病、心脑血管病、癌症、肝炎、高血压、妇科病、重金属中毒等，身体健康与科学饮用水息息相关。药补不如食补，食补不如水补，水乃百药之王。李时珍《本草纲目》中的"水篇"被列为全书之首，称"水为万化之源"。水是最古老的良药，水也是最廉价的药。美国医学博士巴特曼在《水是最好的药》一书中解释了这一发现。

人体在一天内有四个时间最易失水，这四个时间被称为"最佳饮水时间"，四次共需饮水2 000 mL左右，这四个时间分别为：早晨起床后，上午10点左右，下午三四点和晚上睡觉前。饮水也需注意，不宜喝太烫的水和太凉的水；不宜饭前和饭后大量喝水；不宜睡前喝太多的水；不宜饮用多次煮沸的水和暖瓶中存放几天的水；不宜过快、过量喝水。

【厨房小实验】

明矾净化浑浊的河水

用透明的塑料瓶取较为浑浊的河水半瓶左右，把一小块明矾（5~10 g）研碎成粉末状，放到装有浑浊河水的塑料瓶里搅拌几下，待明矾全部溶解后，静置观察现象，并分析其中的净水原理。

一段时间后，原来浑浊不清的河水，渐渐变得十分清澈透明。这是由于明矾的组成为 $K_2SO_4 \cdot Al_2(SO_4)_3 \cdot 24H_2O$，溶于水后电离产生的 Al^{3+} 和水反应：$Al^{3+}+3H_2O \rightleftharpoons Al(OH)_3$（胶体）$+3H^+$。生成的氢氧化铝 $[Al(OH)_3]$ 是白色絮状胶体粒子，能吸附水中的泥沙等杂质，形成较大的颗粒沉淀下来，这样水就变得清澈透明了。

我国是一个水资源短缺、水灾害频繁的国家，水资源总量居世界第六位，近年来，我国水资源质量不断下降，水环境持续恶化，污染所导致的缺水现象和事故不断发生，造成了不良的社会影响和较大的经济损失，威胁了社会的可持续发展，威胁了人类的生存。水资源非常宝贵，面对严峻的缺水、水污染问题，为进一步增强

中国节水标志

全社会关心水、爱惜水、保护水和水忧患意识，促进水资源的开发、利用、保护和管理，我国将每年的 3 月 22 日 ~28 日定为"中国水周"，我们每一个人都应积极行动起来，珍惜每一滴水，将"节约用水、保护水资源"变成一种习惯，并且随时随地宣传节约用水，采取节水技术、防治水污染、植树造林等多种措施，合理利用和保护水资源。联合国大会确定每年的 3 月 22 日为"世界水日"。

【生活小窍门】

家庭日常生活中什么时候用热水好？什么时候用凉水好？

煮饭用开水，可以缩短蒸煮时间，保护米中的维生素，减少营养损失，煮饭的时间越长，维生素 B_1 损失得越快。蒸鱼用开水，蒸鱼或蒸肉时，待蒸锅的水开了以后再上屉，能使鱼或肉外部突然遇到高温蒸汽而立即凝缩，内部鲜汁不外流，熟后味道鲜美，有光泽。煮肉用开水，煮牛肉用开水，味道特别香；鲜肉煲汤，应等水开后下肉。豆腐用开水去腥，豆腐下锅前，在开水里浸泡一刻钟，可清除豆腥味。

炖鱼，煲骨汤、鸡汤用冷水，这样汤才会没有腥味，但必须一次放足水，如果中途加水，会减少原来的鲜味。蒸包子用冷水，生包子和水一起加热升温，可使包子均匀受热，并能弥补面团发酵不佳的缺点，蒸出的包子松软可口。煮干面条时不必等水大开后下锅，水热之后就可以下锅了，煮面的过程中应随时加冷水让面条均匀受热，这样容易煮透且汤清。

【考一考】

1. 水、冰、雪，它们的化学组成相同吗？冰为什么会浮于水面？

2. 如果在冰箱中制取冰块，你会选择自来水、矿泉水、纯净水中的哪一种？为什么？

甜的味道——糖

　　人体最灵敏的味觉器官是舌，中国人的舌头平均能分辨出 140 多种食物的味道。而最常见的酸甜苦咸四种基本味道中，人们最喜欢的味道就是甜味。常见的有甜味的食物有各种糖果、蜂蜜、饮料、点心和水果等。

【厨房小实验】

　　找找家里厨房中有哪些糖，分别从颜色、甜味和在水中的溶解方面进行对比，是否有区别？试从各种糖的包装袋上找出它们的成分，再各取少量的糖分别放在金属长勺里置于火焰上加热，观察有什么现象。

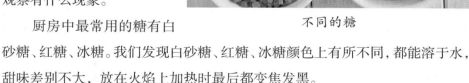

不同的糖

　　厨房中最常用的糖有白砂糖、红糖、冰糖。我们发现白砂糖、红糖、冰糖颜色上有所不同，都能溶于水，甜味差别不大，放在火焰上加热时最后都变焦发黑。

【想一想】

生活中接触到的一些食物为什么会有甜味？

食物具有甜味是因为其中含有叫糖的物质，它是由碳（C）、氢（H）、氧（O）三种元素组成的一类有机化合物，常把这类化合物称作糖类，习惯上又叫碳水化合物。糖类是绿色植物光合作用的产物，对于人类和大多数动物来说，属于最基本也最廉价的能量来源。糖类物质很多，例如葡萄糖、蔗糖、淀粉和纤维素等都是糖类，其中的葡萄糖、蔗糖有甜味。日常生活中的白砂糖、红糖、冰糖的主要成分都是蔗糖。

糖类物质不一定都有甜味，如淀粉、纤维素是没有甜味的。但有甜味的物质也不一定都是糖类，如糖精的甜度为蔗糖的 300~500 倍，它并不属于糖类物质；醋酸铅 [$Pb(CH_3COO)_2$] 也有甜味，常被称为"铅糖"，有毒，也不属于糖类物质。

【化学小知识】

葡萄糖是最简单也是最重要的糖，在自然界中的分布十分广泛，存在于葡萄等带甜味的水果里。分子组成为 $C_6H_{12}O_6$，结构简式为 $CH_2OH(CHOH)_4$-CHO，白色晶体，溶于水，甜度不及蔗糖。有还原性，能被氧化：$C_6H_{12}O_6 + 6O_2 \rightarrow 6CO_2 + 6H_2O$。在酒化酶的作用下能分解生成酒精：$C_6H_{12}O_6 \xrightarrow{\text{酒化酶}} 2CO_2 \uparrow + 2CH_3CH_2OH$（乙醇）。葡萄糖主要用于制镜、制糖果、制药、制营养物质等。

蔗糖存在于不少植物体内，以甘蔗和甜菜中的含量最高。分子组成为 $C_{12}H_{22}O_{11}$，无色晶体，溶于水，有甜味。蔗糖水解有葡萄糖生成：$C_{12}H_{22}O_{11} + H_2O \xrightarrow{\text{催化剂}} C_6H_{12}O_6$（葡萄糖）$+ C_6H_{12}O_6$（果糖）。蔗糖、葡萄糖、果糖、淀粉、纤维素的化学组成都可以表示为 $(C_6H_{10}O_5)_n$，它们的组成中含有不同的葡萄糖单元，一定条件下水解的最终产物都是葡萄糖。

糖精是最古老的甜味剂，分子组成为 $C_7H_5NO_3S$，白色结晶粉末，微溶于水。它的钠盐称作糖精钠或溶性糖精，易溶于水，比蔗糖要甜很多。少量无毒，但无营养价值。

【想一想】

糖类物质在人体内有什么作用呢？

糖类是生命活动的基础能源。粮食中的糖类在人体内能转化成葡萄糖而被吸收。葡萄糖是人体最重要的供能物质，一部分葡萄糖在体内被氧化分解，最终生成二氧化碳和水，同时释放出能量（1 g 葡萄糖完全氧化，放出约 16 kJ 的能量）。另一部分葡萄糖在肝脏、肌肉等组织中合成糖原而储存起来。当血液中的葡萄糖低于正常值时，肝脏中的糖原可以转变成葡萄糖，并且补充到血液中。血液中的葡萄糖叫血糖，正常人的血液中血糖的质量分数约为 0.1%，血糖过高过低都不利于身体健康。中小学生一定要吃早餐，不吃早餐容易造成低血糖而出现心慌、手抖、肌肉无力以及出汗等症状，严重的会引起低血糖昏迷危及生命。肌肉中的肌糖原是肌肉内能量的储备形式之一，运动时供能。

还有一部分葡萄糖可以转化成脂肪，储存在脂肪组织中，因此过多食用糖类容易使人发胖。

【化学小应用】

糖尿病的检测

糖尿病患者的血液和尿液中含有过量的葡萄糖，含糖量越高，病情越严重。因此，可通过测定血液和尿液中葡萄糖的含量来判断患者的病情。血糖的检测用专门的仪器进行，而尿糖则可以在家中使用特制的糖尿病试纸进行（注意：治疗糖尿病的最终目的是控制血糖，而尿糖检测只是粗略地了解尿糖水平）。测定时，将尿

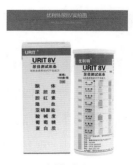

尿糖试纸

糖试纸浸入尿液中，约 1 s 取出，在 1 min 内观察试纸的颜色，并与标准比色板对比，即得出测定结果。

【想一想】

1. 人生病不能正常饮食时，医生一般会给病人注射葡萄糖水溶液，这是为什么？

2. 在吃饭的时候我们要细嚼慢咽，特别是在吃馒头和米饭的时候细嚼，我们会有什么感觉？为什么？

人体内各种新陈代谢的顺利进行，有赖于体内葡萄糖提供生命所必需的能量。当人生病不能正常饮食时，体内葡萄糖的主要来源减少，而葡萄糖能直接被人体吸收，因此要使体内获得更多的葡萄糖，最直接的方法就是注射葡萄糖水溶液。

在吃饭的时候我们要细嚼慢咽，特别是在吃馒头和米饭的时候细嚼就会感觉到有甜味。这是因为淀粉在人体内进行水解生成麦芽糖。人在咀嚼馒头和米饭时，其中的淀粉受唾液所含淀粉酶（一种蛋白质）的催化作用，开始水解，生成了一部分麦芽糖而使人感受到甜味。淀粉在人体内的水解可以表示如下：

$$（C_6H_{10}O_5）_n \longrightarrow C_{12}H_{22}O_{11} \longrightarrow C_6H_{12}O_6$$

  淀粉   麦芽糖   葡萄糖

【厨房小实验】

自制淀粉并检验它们的性质

把土豆（或红薯等）切成丝并捣烂，用纱布包好，在水中用力搓洗。静置，倒出上层清液，留沉淀物。晾干，观察淀粉的形态。在清液和淀粉中各滴一滴碘酒，观察颜色变化。用玻璃杯取半杯清液，用一支激光笔（或小手电）照射清液，观察现象。

晾干的淀粉是一种白色固体。将一滴碘酒滴在淀粉的清液和固体中，淀粉都变成了蓝紫色，这是淀粉的特性，遇碘反应变蓝或蓝紫色。在战争年代，情报人员会用米汤在白纸上写字，晾干后，用碘酒涂抹写字的地方呈现蓝紫色来秘密传递情报。

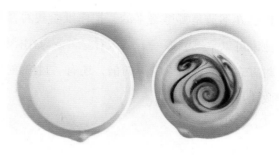

往淀粉里加碘酒会出现蓝色

用一支激光笔（或小手电）照射淀粉清液能看到一条光亮的通路，这是因为淀粉溶液具有胶体的性质而产生的一种特殊现象——丁达尔效应。

【化学小应用】

方志敏狱中密写文稿给党组织

在方志敏的狱中文稿中有给党组织的密写稿。其中第一篇密写稿是写于1935年6月11日的《给党中央的信》。方志敏在仔细地考虑了每个细节后，用米汤（当时中共地下工作者经常使用的密写方式）密写了《给党中央的信》。

方志敏像

他还用米汤誊写了《在狱中致全体同志书》《我们临死以前的话》等文稿，于7月初将这些文稿传送到上海，交给了地下党。毕云程是中共地下工作者，曾经显影过方志敏密写的信件。据毕云程回忆，1935年下半年，有一位"很年轻的姑娘"到生活书店来找他，面交了方志敏在江西监狱中写的四封信。"在胡愈之同志家里，用碘酒洗了这四封信。"同样收到方志敏密信的胡风回忆，"鲁迅在内山书店接到一封信，打开一看是几张白纸，鲁迅弄不清是哪里寄来的，把白纸给我看，我不认识。我去找吴奚如同志，他说可以拿碘酒擦一下试试看。"胡风用碘酒擦后果然显出字来："其中有一封方志敏同志给党中央的信，还有一封给鲁迅的信。"（摘自 2015 年《人民政协报》）

【生活小窍门】

学做冰糖葫芦

步骤 1：准备食材。山楂 200 g，冰糖 150 g。

步骤 2：准备热水 150 g。

步骤 3：山楂去蒂，用竹签串好。

步骤 4：冰糖和热水倒入锅中，熬至糖颜色微黄，淋在山楂上。

冰糖葫芦

步骤 5：放入冰箱，冷却凝固即可。

【考一考】

1. 如果有人问你："今天吃糖了吗？"你会如何回答？你经常吃的含有糖类的食品有哪些？

2. 据报道，某知名食品厂生产的无糖糕点只含面粉、油脂、蛋白质。这种说法是否正确？为什么？

咸的奥秘—— 食盐

人们的日常生活离不开柴米油盐酱醋茶，其中食盐就是饮食中不可缺少的调味品，俗称"百味之王"。"盐"字本意是"在器皿中煮卤"。《说文》中记述：天生者称卤，煮成者叫盐。传说黄帝时有个叫夙沙的诸侯，以海水煮卤，煎成盐。我国海盐的产量占

晒盐

比最大，占到了八成。我国大约在神农氏（炎帝）与黄帝时期开始煮盐，古时的盐多数是用海水煮出来的。

【 厨房小实验 】

从盛装食盐的容器中取少量食盐固体，观察食盐的颜色、状态和在水中的溶解情况，也可以尝一尝味道。另取少量的食盐粉末撒在煤气火焰上，观察火焰的颜色变化。

【化学小知识】

食盐的主要成分是氯化钠，即由钠元素和氯元素组成的化学物质，化学式为 NaCl，其外观是一种白色晶体状固体，易溶于水，有咸味，主要来源于海水中，这就是海水有咸味的原因。食盐中镁离子（Mg^{2+}）、钙离子（Ca^{2+}）含量过高使食盐易潮解且带有苦味。食盐在高温灼烧时火焰呈现黄色，主要是钠元素在高温灼烧时呈现的颜色，这在化学上叫作焰色反应。一些金属及化合物的焰色反应的颜色各不相同，人们利用焰色反应制成五彩缤纷的烟花，节日燃放时会呈现各种艳丽的色彩。

盐

焰色反应

食品工业上，食盐可作调味品和防腐剂，用来腌制蔬菜、鱼肉、蛋等；医药上经高度精制的氯化钠可用来制生理盐水，用于临床治疗和生理实验；农业上可用氯化钠（16%NaCl 溶液）选种；工业上氯化钠是重要的化工原料，如氯碱工业上电解饱和食盐水制碱：$2NaCl+2H_2O \xrightarrow{\text{通电}} 2NaOH+Cl_2\uparrow +H_2\uparrow$，还可利用氯化钠制取碳酸钠等化工产品。

【化学小应用】

侯氏制碱法

我国著名的化工实业家侯德榜先生利用食盐为原料，经过多次实验研究，历时 5 年，于 1942 年发明了举世闻名的制取纯碱（碳酸钠）的方法，即"侯氏制碱法"：

$$NH_3+CO_2+NaCl+H_2O \Longrightarrow NaHCO_3\downarrow +NH_4Cl$$

$$2NaHCO_3 \stackrel{\triangle}{=\!=\!=} Na_2CO_3+H_2O+CO_2\uparrow$$

印有侯德榜的邮票

自然界中的盐主要存在于海水、盐湖、盐井和盐矿中。工业上常用海水晒盐、盐湖水煮盐，使食盐晶体析出，这样制得的盐叫作粗盐。粗盐再经溶解、沉淀、过滤、蒸发，制得精盐。

食盐对维持人体健康有着重要的意义。盐能协助人体消化食物；增进食欲和提高食物消化率；盐能参加体液代谢，盐是人体体液的重要成分，人体体液中的含盐量是 0.9%；高温作业的人，出汗过多，需要补充含盐的饮料；腹泻的病人，失水较多，要输入生理盐水（0.9%NaCl）；失血过多的人也要急饮温盐水等，这些都是因为盐能起到维持人体渗透压及酸碱平衡的作用；盐中的氯离子在人体内还参与胃酸的生成等。

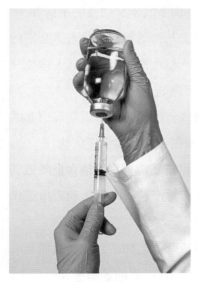

生理盐水

健康人每天的食盐摄入量应该保持在 6 g 以下。首先，盐摄入量过多会引起人体电解质失衡，血管内和周围组织之间形成压差，周围组织出现水肿，增加肾脏的负担，增加钙的流失。其次，食盐摄入过多会引起血液容量增加，导致人体的血压升高，引起头晕等不适感，会加速动脉硬化，是心血管疾病的诱发因素。

【想一想】

现在市场上食盐品种繁多，我们应该选择什么品种的食盐呢？

不同的盐

加碘盐：主要针对碘缺乏的人群，碘是合成甲状腺激素的重要原料，而甲状腺激素影响着机体的生长、发育和代谢，碘缺乏是造成胚胎期、婴幼儿时期智力发育落后的主要原因之一。在碘缺乏地区的人们，宜食用加碘盐。

维 B_2 盐：也称之为核黄素盐，经常患口腔溃疡的人，体内可能缺乏维生素 B_2（核黄素）。经常食用维 B_2 盐可以改善这一情况。

加钙盐：它是在普通碘盐的基础上按比例加入钙的化合物制成的，适合于需要补钙的人群。这种盐可预防骨质疏松、动脉硬化，调节其他矿物质的平衡等。

加硒盐：硒是人体微量元素中的"抗癌之王"，硒同样也是人体必需的微量元素，它具有抗氧化、延缓细胞老化、保护心血管健康及提高人体免疫力等重要功能，同时硒还是体内有害重金属的解毒剂。

加锌盐：用葡萄糖酸锌与精盐均匀掺兑而成，可预防儿童因缺锌引起的发育迟缓、身材矮小、智力降低及老年人食欲不振、衰老加快等症状。

低钠盐：低钠盐中添加了一定量的氯化钾和硫酸镁，氯化钠含量降低到 65% 左右，可调整人体钠、钾、镁离子的平衡，对于预防高血压和心血管疾病有帮助。

雪花盐：以优质海盐为原料，采用先进的特殊工艺加工而成，盐质具有天然纯净、疏松速溶等特点，色泽洁白，含有多种人体必需的矿物质和营养素，是普通食盐中较好的品种之一。

【化学小应用】

电影《闪闪的红星》中潘冬子机智送盐的故事

故事发生在红军长
征离开后的江西苏区。在
闪闪的红星照耀下，潘
冬子积极参加对敌斗争。
敌人在山脚设了哨卡，严
禁带盐上山，山上的游击
队员已经断了好几个月的
盐，大家商量让潘冬子和
爷爷一起下山，去乡亲家

潘冬子

取盐。潘冬子想出了一个好办法通过检查，他机智地把盐化成盐水，再把盐
水倒在自己的棉衣上，躲过敌人的搜查，然后再溶解、蒸发、结晶重新制得盐，
送给游击队。

【生活小窍门】

食盐在生活中的妙用

呵护咽喉。盐水具有消炎杀菌、呵护咽喉的作用。秋季气候干燥，是
急（慢）性咽喉炎、扁桃体炎的高发时节。当咽喉感觉有轻微不适时，可
用盐水作晨间漱口剂；当咽喉感觉肿痛时，可每日用生理盐水漱口 5~6 次；
慢性咽炎患者可于每天早上饮 1 杯淡温盐水或每天用淡温盐水含漱咽部 3~4
次，能起到较好的预防和治疗作用。

清洁去污。陶瓷和玻璃等器皿上的茶垢、污垢用盐擦洗，清洁效果好。
清洁铁锅上的油渍时，先放入少量盐擦洗，油渍更易清除。白色瓷砖、澡盆、
脸盆如有褐色铁锈斑，可用适量的盐和醋配成混合液擦洗。

自然止血。食盐具有促进血液凝固的作用。如果鼻腔少量出血，可用药

棉浸盐水塞入鼻孔中，同时喝 1 杯盐水；口腔内部若发生小出血，如牙龈出血、鱼骨刺伤咽喉出血等，可用盐水漱口来起到止血的作用。

治疗眼疾。如果患上沙眼，可用淡盐水来洗眼；倘若眼部红肿，可取一茶匙细盐加入 600 mL 温开水中，待其溶化后，用药棉浸泡一会儿，然后取出药棉敷压眼部肿胀处，可有效消肿。

【化学小应用】

"氯盐类"融雪剂及其融雪原理

融雪剂是指可以降低冰雪融化温度的化学物质，主要有无机氯盐类融雪剂和有机融雪剂两类。"氯盐类"融雪剂主要含氯化钠（NaCl）、氯化钙（$CaCl_2$）、氯化镁（$MgCl_2$）、氯化钾（KCl）等，通常称作"化冰盐"。"氯盐类"融雪剂溶于水（雪）后，其冰点在 0 ℃以下，如氯化钠

融雪剂

融雪剂溶于水后冰点在 –10 ℃，氯化钙在 –20 ℃左右。盐水的凝固点比水的凝固点（0 ℃）低，因此在雪水中溶解了盐之后就难以再形成冰块。简单地说，就是融雪剂降低了冰雪的融化温度，使其更容易融化。

【考一考】

1. 你对食盐（氯化钠）有哪些认识？

2. 人体每天对氯化钠的摄入量大约是多少？能否过多地食用食盐？为什么？

酸的感受——
食醋

　　酸味是一种基本味，能给人以爽快、刺激的感觉，有除腥、解腻、提鲜、增香等作用。生活中含有酸味成分的物质很多，主要有醋、醋精、酸梅、泡菜、腌渍菜等，厨房中使用最多的就是食醋。

【想一想】

　　你了解醋的来历吗？"醋"的含义是什么？

　　传说古代山西有个酿酒高手叫杜康。他儿子黑塔也跟着学会了酿酒技术。后来全家从山西迁到镇江。黑塔觉得酿酒后把酒糟扔掉可惜，便将其浸泡在水缸里。到了第二十一日的酉时，一开缸，一股浓郁的香气扑鼻而来。黑塔忍不住尝了一口，酸酸的。烧菜时放了一些，味道特别鲜美，便贮藏着作为"调味酱"，这就是食醋的来历，也是汉字"醋"字为"二十一日酉"的由来。中国最早的

坛装醋

醋也是世界上最早的醋，距今已有约 3 000 年。

【家庭小实验 1】

取一瓶白醋，打开瓶口，用手轻轻地在瓶口扇动，使挥发的醋酸蒸气飘进鼻孔，感受一下醋酸的气味。另取出少许白醋于容器中，撒入少许食用的小苏打，观察现象。

食醋闻起来有明显的酸味，是一种酸味调味剂，由此可以区别于其他调味品。白醋中撒入小苏打后有明显的气泡产生，这是由于食醋的有效成分是醋酸，能和小苏打的成分 $NaHCO_3$ 反应产生 CO_2 气体，其化学反应原理为：

$$CH_3COOH + NaHCO_3 \Longrightarrow CH_3COONa + H_2O + CO_2 \uparrow$$

【化学小知识】

食醋的有效成分是醋酸，化学名称又叫乙酸（分子式为 $C_2H_4O_2$），是一种有机一元酸，其为无色有强烈刺激性气味的液体，易挥发，熔点只有 16.6 ℃，低于 16.6 ℃时常呈冰状，所以无水乙酸又称为冰醋酸，醋酸易溶于水、乙醇等溶剂。乙酸是具有腐蚀性的，其蒸气对眼和鼻有刺激性作用。乙酸具有酸的通性，能使酸碱指示剂变色，能与金属、金属氧化物、碱和盐发生化学反应。

食醋是我国劳动人民在长期的生产实践中制造出来的一种酸味调味剂，按生产方法的不同有酿造食醋和人工合成食醋。酿造食醋是用富含淀粉的粮食原料、糖类原料、食用酒精等，经微生物制曲、糖化、酒精发酵、醋酸发酵等阶段酿制而成的。

按食醋酿造工艺、原料、风味的不同，可分为"陈醋""香醋""米醋""熏醋""特醋""糖

醋

醋""麸醋""酒醋""白醋"等。食醋的品种不同,酸度也有高有低,一般在 2%~9%。其主要成分除醋酸外,还有多种氨基酸、有机酸、糖类、维生素、醇和酯等营养成分及风味成分,具有独特的色、香、味。它不仅是调味佳品,长期食用对身体健康也十分有益。食用食醋有一定的消除疲劳、抗衰老、预防肥胖、软化血管、降血脂、降低胆固醇、帮助消化、调节血液酸碱平衡、养颜护肤等作用,食醋还具有较强的杀菌消毒能力。

【生活小窍门】

食醋是生活中的小帮手,食醋在生活中的小妙用

睡前一杯温开水,加一汤匙醋,喝后可助眠。醋加白糖冲开水,凉后喝下可解暑。打嗝时一口气饮醋一小杯,即可消除。坐车前喝醋开水,防晕车。喝醋水可治疗呕吐。烧醋开水熏屋子可预防流感等上呼吸道疾病。食欲不振时喝点醋可开胃。食物加醋,可以帮助消化,有利于食物中营养成分的吸收;还具有杀菌能力,可以杀灭肠道中的葡萄球菌、大肠杆菌、痢疾杆菌等。头晕时喝醋可缓解头痛。在烹调蔬菜时适当加点醋,可以减少维生素 C 的损失。在炒辣椒时,加点醋,辣椒就不会那么辣了。烹制排骨、煲骨头汤时加一点醋,使骨头中的钙、磷、铁等矿物质溶解出来,有利于人体对钙质的吸收和利用。在洗蔬菜的水中加一点醋,便可以清除附在叶子上的小虫。如果大米存放时间较长,蒸饭时只要加入点醋,蒸出来的米饭就会白、黏、香。用醋涂抹蚊虫叮咬处,可减轻痒痛、消肿。浓醋热水泡脚可治疗脚气。

食醋在日常生活中还可

醋泡花生

用于养生，下面的小妙方不妨试试。

（1）醋泡黑豆。把炒熟了的黑豆放入密封的瓶中，加入米醋，黑豆和米醋的比例大约是1∶2。变凉后将瓶盖封好，放置阴凉处或冰箱冷藏保存10天后即可食用。醋泡黑豆具有美容、减肥、补肾、明目、乌发功效，能有效改善便秘、高血压、高血脂、腰酸腿痛、糖尿病、前列腺病、白发、冠心病和看电脑、电视时间长引起的视力下降、眼睛疼痛、干涩、头晕、头痛等症状。

（2）醋泡姜。把生姜切片，放进密封的瓶中，加满陈醋，扣上盖子密封好，腌制一周以上即可食用。醋泡生姜具有养胃、减肥、防脱发、防止慢性病、提升人体阳气的功效。

（3）醋泡花生。把花生米放进一个可以密封的罐子里，放入陈醋，没过花生米，浸泡3天后食用最佳。醋泡花生有清热、活血的功效，对保护血管壁、阻止血栓形成有较好的作用。长期坚持食用可降低血压，软化血管，减少胆固醇的堆积，是防治心血管疾病的保健食品。

【家庭小实验 2】

取用2~3勺的食醋或白醋加到有水垢的暖水瓶或茶杯中，观察现象并解释原因。

醋的应用

内胆有水垢的暖水瓶或茶杯中加入食醋后可观察到水垢表面有气泡产生，暖水瓶或茶杯内胆中的水垢缓慢地溶解。水垢的主要成分是氢氧化镁 [$Mg(OH)_2$] 和碳酸钙（$CaCO_3$），加入食醋后，其有效成分醋酸分别和不溶于水的氢氧化镁、碳酸钙反应生成可溶于水的醋酸镁 [Mg–（CH₃COO）₂]、醋酸钙 [Ca（CH₃COO）₂] 及二氧化碳气体，化学反应原理如下：

$$2CH_3COOH + Mg（OH）_2 = Mg（CH_3COO）_2 + 2H_2O$$

$$2CH_3COOH + CaCO_3 = Ca（CH_3COO）_2 + H_2O + CO_2 \uparrow$$

【化学小应用】

生活中使用食醋的一些禁忌

正在服用某些西药者不宜食醋。因为醋酸能改变人体内局部环境的酸碱度，从而使某些药物不能发挥作用，如正在服用含碳酸氢钠（NaHCO₃）、氧化镁（MgO）、胃舒平等碱性胃药时，不宜食醋，因醋酸可中和碱性药，而使其失效。

$$CH_3COOH + NaHCO_3 = CH_3COONa + H_2O + CO_2 \uparrow$$

$$2CH_3COOH + MgO = Mg（CH_3COO）_2 + H_2O$$

使用抗菌素药物时，不宜食醋，因这些抗菌素在酸性环境中作用会减弱，影响药效。胃溃疡和胃酸过多患者不宜食醋。因为醋不仅会腐蚀胃肠黏膜而加重溃疡病的发展，而且能使消化器官分泌大量消化液，造成溃疡加重。不论你的胃肠多强健，都不适合在空腹时喝醋，以免胃酸分泌过多，伤害胃壁。在两餐之间，或饭后一小时再喝醋，可帮助消化。老年人在骨折治疗和康复期间应避免吃醋，因为醋能破坏钙元素在人体内的动态平衡，会促发和加重骨质疏松症，使受伤肢体酸软、疼痛加剧，骨折迟迟不能愈合。

【考一考】

1. 如何区别醋和酱油、白酒和白醋？

2. 日常生活中多吃醋有哪些好处？吃醋还有哪些禁忌？

苦味的特效——
百草之味

　　食物的酸甜苦辣咸中，苦味最让人难以忍受，因此很多人拒绝食用任何苦味的食物。研究表明，苦味的食物中具有的苦涩味道来自生物碱、多酚类物质和萜类物质。所以苦味食物一般都含有丰富的生物碱、氨基酸、苦味素和维生素等，虽苦，但对人体非常有益。

【想一想】

　　你了解哪些食物有苦味？你吃过哪些苦味食物？

部分苦味食品

苦味食物以蔬菜和野菜居多，如苦瓜、莴苣叶、生菜、芹菜、茴香、香菜、萝卜叶、蒲公英、蔓菁、苜蓿、曲菜、菜薹、薄荷叶等。在干鲜果品中，有杏、柚子、黑枣等。此外还有苦荞麦、莜麦等。更有食药兼用的五味子、莲子芯，以及啤酒、绿茶、咖啡等。

　　食品中的苦味物质目前大致分为五类：生物碱、黄烷酮糖苷类、萜类和甾体类、氨基酸和多肽类、无机盐类。

【化学小知识】

　　生物碱是具有特殊生理作用的碱性含氮化合物的总称，已知约有 10 000 种，可分为 59 类。几乎所有的生物碱都具有苦味，碱性越强，苦味越重，成盐仍苦，其中，番木鳖碱（又叫士的宁，化学成分为 $C_{21}H_{22}N_2O_2$）是目前已知最苦、剧毒的化学物质，是从马钱子中提取的一种生物碱，故又名马钱子碱，其为无色结晶，几乎不溶于水和乙醚，能溶于氯仿，微溶于乙醇和苯。番木鳖碱能选择性兴奋脊髓，提高骨骼肌的紧张度，临床用于轻瘫或弱视的治疗。因其毒性较大，治疗安全范围小，临床上已很少使用。奎宁（化学成分为 $C_{20}H_{24}N_2O_2$）是最常用的苦味标准物，俗称金鸡纳霜，是从金鸡纳树皮中提取出来的一种生物碱，是最早发现的抗疟疾药。奎宁为白色无定形粉末或结晶，无臭，味极苦。熔点为 172.8 ℃，溶于乙醇等有机溶剂，微溶于水。含有苦味生物碱的食品主要有咖啡、可可、茶、莲子、百合等。

番木鳖碱结构

奎宁结构

　　许多具有苦味的黄烷酮糖苷类化合物存在于柑橘类水果的皮中。葡萄柚和苦橙中的主要黄烷酮物质是柚皮苷，分子式为 $C_{27}H_{32}O_{14}$，淡黄色粉末，溶于乙醇、丙酮、醋酸、稀碱溶液和热水，不溶于乙醚、苯和氯仿等非极性溶剂。其具有抗炎、抗病毒、抗癌、抗突变、抗过敏、抗溃疡、镇痛、降血压活性的功能，能降低胆固醇、减少血栓的形成，改善局部微循环和营养供给，可用于生产防治心脑血管疾病的药物。可用作苦味剂，由于它苦味的敏感值

柚皮苷结构

莴苣苦素结构

很低，在利用从果皮中获得的芳香成分提高果汁风味质量的工艺中，不可避免地将较多的柚皮苷带入果汁，使果汁的口感变苦。柚皮苷的苦味与其结构中的双糖有关。

　　苦味食品中所含的萜类化合物种类繁多，如莴苣苦素（$C_{15}H_{16}O_5$）、皂角素、橘子油、苦瓜甙等，一般含有内酯、内缩醛、内氢键、糖苷羟基等能形成螯合物结构的萜类呈现苦味。啤酒中约含有二十多种苦味物质，大多为律草酮和蛇麻酮。动物肝脏所呈苦味是由于胆汁中含有胆汁酸，它具有甾环骨架。有些萜类不仅味苦，还有毒性，如患黑斑病的山芋中所含的番薯酮。

　　苦味食品是氨基酸的"富矿"。一般而言，非天然的 D 型氨基酸多以甜味为主，而 L 型氨基酸以苦味为主。必需氨基酸一般都具有苦味，苯丙氨酸和色氨酸的苦味最强。氨基酸苦味的强度与分子中的疏水基团有关。

　　多肽类以苦感为主。传统的经验表明，用蛋白酶水解蛋白质后有苦味，无论是胃蛋白酶水解大豆蛋白质，还是胰蛋白酶分解酪蛋白都会产生苦味肽，肽是由氨基酸构成的，其成味特性很大程度上取决于氨基酸的苦味特性。

L- 苯丙氨酸结构

无机盐类（矿物质）是食品的组成部分之一。

许多无机盐都具有苦味，如镁离子（Mg^{2+}）、钙离子（Ca^{2+}）、铵根离子（NH_4^+）等；无机盐类的苦味，随着相对分子质量的增加逐渐明显，比如，溴化物微苦，碘化物苦味较之加重。需要指出的是，食品的苦味是多种物质共同作用的结果，同

苦瓜

一食品中往往含有多种苦味成分。茶叶和可可中不仅含有生物碱（茶碱、可可碱、咖啡碱等），还含有高浓度的苦味氨基酸。

许多苦味食物有丰富的营养，如苦瓜富含蛋白质、脂肪、糖、钙、钠、铁、胡萝卜素、维生素 B_1、维生素 B_2、苦瓜甙等。未熟嫩瓜可作蔬菜食用，可做汤，又可凉拌，还可清炒，也可与肉、鱼一起做菜，清脆爽口，别有风味；成熟后，瓤可生食。具有增强食欲、促进消化、除热邪、解劳乏、清心明目等功效。

【厨房小实验】

凉拌蜜汁苦瓜

准备苦瓜 1 个，蜂蜜适量，米醋 1 饭勺，冰糖少许，盐少许。苦瓜洗净对切，挖掉瓜瓤后切薄片备用。将切好的苦瓜放在开水中焯一下，然后放入冰水中。锅中加入 200 mL 的水，烧开后加入冰糖、蜂蜜、米醋和少许盐，小火使其完全熔化后拌匀，冷却备用。将冷却后的调味汁倒入苦瓜中，放入冰箱冷藏 2 h 让其充分入味，美味爽口的凉拌苦瓜即可食用。

【化学小应用】

吃"苦"对人的身体的益处

吃苦可改变五味失衡状况。人在通过食物摄取酸甜苦辣咸五种味道时，大致是平衡的。可人们平时摄取的咸、甜之味过多，会引发许多疾病，造成

体质不佳，抵抗力下降。

苦味可增进食欲。夏季，多数人可能出现食欲不佳的现象，苦味可刺激舌头的味蕾，激活味觉神经，也能刺激唾液腺，增进唾液分泌，还能刺激胃液和胆汁的分泌。

苦味可清心健脑。带苦味的食品中均有一定的可可碱和咖啡因，食用后醒脑，可使人们从夏日烦热的心理状态中松弛下来，从而恢复精力。

苦味可泄热、排毒、通便，不仅可以退烧，还能使体内毒素随大、小便排出体外，使少儿不生疮疖，少患其他疾病。

苦味食品可促进造血功能，可使肠道内的细菌保持正常的平衡状态。这种抑制有害菌、帮助有益菌的功能，有助于肠道发挥功能，也能促进骨髓的部分造血功能，可改善贫血状态。

苦味食品可防癌抗癌。科学研究发现，苦味食品中含有丰富的维生素B_{17}，它具有强大的杀伤癌细胞的能力。

苦味食品就在日常饮食生活中，关键是注意选择，合理食用。

【生活小窍门】

抑制或减轻苦味食品中苦味的方法

苦味食品因其较高的营养价值和多重的保健功能，逐渐受到人们的认可和追捧。但是明显的苦味仍然是多数消费者无法接受的。如何将口感和保健功能较好地统一起来，在尽量减少破坏苦味食品中功效成分的基础上，使苦味柔和适口？常用方法有热水焯烫、清水冲洗、盐水浸渍、冰镇抑制、甘草甜味素或冰糖与蜂蜜等糖类遮盖。

【考一考】

1. 你知道用盐卤加工的豆腐中的苦味来自什么物质吗？如何消除盐卤豆腐中的苦味？

2. 黄连素片（盐酸小檗碱片）是一种常用于治疗肠道感染的药物，其片剂都加上了糖衣，这是为什么？

辣的感觉——
辣味素

　　大家一定都品尝过重庆的火锅，红红的汤底，麻辣的味道，辣得让人直撇嘴，辣得让人直皱眉，辣得让人直冒汗，辣得让人直呵气。"葱辣鼻子蒜辣心，青椒专辣前嘴唇。"这句谚语生动形象地告诉我们，吃了不同的辛辣食物后，人体的感受是不同的。

【想一想】

　　你吃过哪些辛辣的食物？

　　辛辣食物有辣椒、花椒、大蒜、芥末、胡椒、生姜、八角、桂皮、小茴香、韭菜、葱、洋葱等。

部分辛辣食物

　　辣其实是一种疼痛感。辣的感觉是辣椒素等分子作用于舌头所含的痛觉纤维上的受体蛋白、激活细胞及其相连的痛觉神经通路而产生的类似于灼烧的微量刺激的感觉，不是由味蕾所感受到的味觉。所以其实不管是舌头还是身体的其他器官，只要有神经能感觉到的地方就能感受到辣。因此有"辣味其实是痛觉"的说法。辣也可以被手心、眼睑、指尖、嘴唇等皮肤较薄的部位感知，这些部位并无味觉细胞。比如芥子油苷可以通过刺激鼻窦制造更多的痛觉，产生辣根"冲鼻子"的感觉。

【化学小知识】

大蒜辣是因为大蒜中的含硫化合物具有强烈的黏膜刺激性。大蒜辣素就是蒜产生辣味的成分，分子式为 $C_6H_{10}OS_2$，呈油状液体，具有强烈刺激味和酸素特有的辛辣味。难溶于水，可与乙醇、乙醚和苯混合。其化学性质极不稳定，不耐热，对碱不稳定，但对酸较稳定。遇碱或遇热极易分解，分解后就不辣了。大蒜辣素为抗菌物质，由百合科葱属

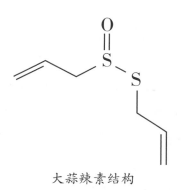

大蒜辣素结构

植物大蒜的鳞茎（大蒜头）提取而得，可抑制痢疾杆菌、伤寒杆菌、霍乱弧菌的生长繁殖，且对葡萄球菌、链球菌、肺炎球菌等有明显的抑制和灭杀作用。作为广谱抗菌药，其可以治疗消化道、呼吸道及阴道的霉菌感染，如菌痢、百日咳等。

辣椒辣是因为辣椒中含有一种被称为辣椒素的物质，其能够刺激皮肤和舌头上能感觉到痛和热的区域，使大脑产生灼热疼痛的辛辣感觉。辣椒素的分子式为 $C_{18}H_{27}NO_3$，熔点为63~66 ℃，不溶于冷水，易溶于乙醇、乙醚、氯仿，微溶于二硫化碳，在高

大蒜与大蒜素胶囊

辣椒素结构

温下会产生刺激性气体。辣椒的营养比较丰富，尤其是维生素 C 的含量很高，100 g 辣椒中就含维生素 C 105 mg。这在蔬菜中是名列前茅的。辣椒还有重要的药用价值，辣椒的有效成分辣椒素是一种抗氧化物质，它可阻止有关细胞的新陈代谢，从而终止细胞组织的癌变过程，降低癌症的发生率。吃饭不香、饭量减少时，在菜里放上一些辣椒，就能改善食欲，增加饭量；单独用少许辣椒煎汤内服，可治因受寒引起的胃口不好、腹胀腹痛；用辣椒和生姜熬汤喝，能治疗风寒感冒，对于兼有消化不良的病人，尤为适宜。此外，常食辣椒可降低血脂，减少血栓形成，对心血管系统疾病有一定的预防作用。

　　麻会慢慢麻痹你的味觉，时间越久，就会越加地感觉到。简单地说，就是麻会麻痹你的神经，不像辣，刚一进口就能感觉得到，辣哄哄的菜，一进嘴里，就能刺激味觉神经。花椒的麻味来源是花椒麻素，又称花椒酰胺、崖椒酰胺，分子式为 $C_{16}H_{25}NO$，是链状不饱和脂肪酰胺，为白色结晶体，熔点为 119~120 ℃，溶于热乙醇、苯，微溶于水。花椒麻素具有多种生理功能，如麻醉、兴奋、抑菌、祛风除湿、杀虫、镇痛等，在食品、医药、化妆品等方面得到越来越广泛的应用。

辣椒

花椒

【厨房小实验】

盆栽小辣椒

准备颗粒饱满的辣椒种子，将种子放入清水中浸泡一晚。将种子点播在较小的花盆里。保持土壤微潮，等辣椒种子发芽出土后多晒太阳，观察到土表发白、变干后再浇透水。7~14 天左右就会出苗。待辣椒苗长出后带着土移栽到另外的土壤比较肥沃的花盆中。辣椒苗种下后，需要一次性浇透水，然后将花盆搬到阴凉通风的地方养护，一周后逐渐增光至全日照，多晒太阳。

辣椒苗

【化学小应用】

辛辣食物产生的灼烧感能促进血液循环和排汗，增强脂肪代谢，使人产生畅爽的感觉；辛辣食物可以使人脑释放内啡肽，足够多的内啡肽能解除中枢神经对多巴胺通路的抑制，提高中枢肾上腺素、去甲肾上腺素以及多巴胺的水平，有一定的抗疲劳功效；这些结合起来会产生"吃辣上瘾"的现象，但这些激素水平变化也会提高第一个睡眠周期的人体温度，影响慢波睡眠。

【生活小窍门】

被食物辣到了怎么办？如何缓解辣味？

很多人喜欢吃辣，可是有些人并不是很能吃辣，但又嘴馋爱吃，最后吃完的结果是辣得大叫，更有人胃都辣痛了。那么，吃辣后吃什么缓解辣味呢？怎样中和一下辣感让吃完辣的人不至于那么难受？

通常人们在吃辣后首先想到的是喝凉水，但这并不是很好的解辣方法，它只能减轻辣味对舌尖神经的刺激，给口腔降温，但不能减轻辣对人体内脏造成的伤害。吃辣时加点醋，酸和辣的食物搭配着吃，可以有效降低辣味，减轻其对内脏的伤害，而且有助于消化；或者喝牛奶，吃辣后迅速喝牛奶可以给嘴唇降温，牛奶中含有大量的酪蛋白，能有效把疏水物质包裹起来带走，用低温全脂牛奶解辣效果最好。

【考一考】

大蒜是日常生活中常吃的食物，但吃完大蒜后嘴巴会留有很难闻的异味。想一想：如何去除吃完大蒜后的口腔异味？

鲜的真相——味精

日常生活中常说的"五味"指的是酸、甜、苦、辣、咸，但实际上还有一种特殊的味道不在"五味"中，那就是"鲜"味。食盐、白糖、味精是厨房常见的三种白色晶体，都是调味品。其中味精是目前国内外

味精

广泛使用的增鲜调味品之一。味精又名"味之素"，最先由日本人发明，它的主要成分为谷氨酸钠，其具有强烈的肉类鲜味，略有甜味和咸味，我们每天吃的食盐用水冲淡 400 倍，已感觉不出咸味，普通蔗糖用水冲淡 200 倍，也感觉不出甜味，但谷氨酸钠用水稀释 3 000 倍，人仍能感觉到鲜味。"味之素"传入中国后，我国的"味精鼻祖"吴蕴初经过反复研究，找到了廉价的、批量生产的方法，并将这种物质取名为"味精"。

【化学小知识】

味精的主要化学成分是谷氨酸钠。谷氨酸是一种氨基酸，谷氨酸钠是一种由钠离子与谷氨酸根离子形成的盐，化学组成为 $C_5H_8NO_4Na$，化学名叫 α-氨基戊二酸一钠，简称谷氨酸钠，其为白色柱状结晶体或结晶性粉末，易溶于水，水溶液无色，基本无特殊气味，微溶于乙醇，对光和热稳定。谷氨酸钠在 120 ℃的温度下会形成焦谷氨酸钠，分子式为 $C_5H_6NO_3Na$，焦谷氨酸钠不仅鲜味很低，而且可能具有一定的毒性。我国自 1965 年以来已全部采用糖质或淀粉原料生产谷氨酸，然后经结晶沉淀、离子交换等方法提取谷氨酸钠，再经脱色、脱铁、蒸发、结晶等工序制成谷氨酸钠结晶。

谷氨酸钠结构   焦谷氨酸钠结构

味精是商品名称，其商品按成分可分为味精、加盐味精、增鲜味精。味精是以淀粉质、糖质为原料，经微生物（谷氨酸棒状杆菌等）发酵、提取、中和、结晶精制而成的具有特殊鲜味的白色结晶或粉末，谷氨酸钠含量等于或大于99.0%。由此可见，我们通常所说的"味精"，是指谷氨酸钠含量 99% 以上的单一产品。而加盐味精和增鲜味精，指的是谷氨酸钠含量 80% 以上的复合型调味品。

【厨房小实验】

如何区别厨房中味精、食盐、白糖三种白色晶体？

用 3 只相同的玻璃杯或碗（或一次性纸杯），各放入 1 小勺差不多等量的味精、食盐、白糖，然后再加等量的水（差不多都是半杯）；也可以将等量的三种白色晶体分别加入 3 杯相同体积的纯净水中，不断搅拌，比较溶解速度，待完全溶解后充分振荡，细细品尝，比较溶液的味道。

味精、食盐、白糖三种白色晶体都能溶于水，白糖溶解得比较快，食盐晶体溶解得稍慢一点，搅拌后都能溶解。查数据可知，常温下白糖溶解度最大，100 g 水中可溶解 204 g；常温下食盐溶解度最小，100 g 水中只可溶解 36 g；而常温下味精在 100 g 水中可溶解 74 g。

三种白色晶体溶解后品尝溶液的味道，溶解了食盐的溶液咸味明显，溶解了白糖的溶液甜味也非常明显，但溶解了味精的溶液则有一种苦涩的味道，这可能是溶液中溶解的味精过多的原因。味精使用时应掌握好用量，如放入的量过多，会造成相反的效果，每道菜不应超过 0.5 g。

谷氨酸广泛存在于动植物的机体中，是食品中天然存在的营养成分。谷氨酸钠被食用后，96% 能被人体吸收，形成人体组织中的蛋白质，其余氧化后从尿中排出；谷氨酸虽然不是人体必需氨基酸，但它能与血氨结合，形成对机体无害的谷氨酰胺，解除组织代谢过程中所产生的氨的毒性作用。谷氨酸钠具有治疗慢性肝炎、肝昏迷恢复期、严重肝机能不全的作用；另外，脑组织只能氧化谷氨酸，而不能氧化其他氨基酸，当葡萄糖供应不足时，谷氨酰胺能为脑组织供能，参与脑蛋白质代谢和糖代谢，促进氧化过程，对中枢神经系统的正常活动起到良好的作用，因此谷氨酸能改进和维持脑机能，对癫痫病、神经衰弱、精神分裂症、大脑发育不全、智力不足及脑出血后遗的记忆障碍症等病有一定治疗作用。

【化学小应用】

鸡精和味精都是调味品，两者之间有何不同？

营养价值方面，味精是一种很纯的鲜味剂，是以碳水化合物（淀粉、糖蜜等）为原料，经微生物发酵后提炼精制而成的，其主要成分谷氨酸钠，仅

鸡精

是一种氨基酸——谷氨酸的钠盐。鸡精是以新鲜鸡肉、鸡骨、鲜鸡蛋为基料，通过蒸煮、减压、提汁，配以味精（谷氨酸钠）、肌苷酸、鸟苷酸等物质复合而成的，其具有鸡的鲜味、香味，其中所含的营养更全面。

在鲜度上，味精的鲜主要源于谷氨酸钠，而鸡精中除含有谷氨酸钠外还含有鲜味核苷酸作为增鲜剂，两者混合后具有强烈的增鲜作用。从卫生安全角度来看，味精在温度高于 120 ℃时，会生成焦谷氨酸钠，不显鲜味，所以烹饪时不要在滚烫的锅中加入味精。而鸡精中虽然同样含有谷氨酸钠，但其含量较味精少得多，因此高温下产生焦谷氨酸钠的含量很少。但鸡精由于含有核苷酸，而核苷酸的代谢产物是尿酸，所以痛风患者应尽量少吃。

在使用上，因为鸡精高温时产生的焦谷氨酸钠几乎可忽略不计，所以烹调中加入鸡精时基本上无须考虑温度的高低。鸡精可以用于任何味精的使用场合，适量加入炒菜、汤、面食中，有较好的增鲜作用。

【生活小窍门】

生活中如何正确使用味精

味精使用时一要掌握好用量，每道菜不应超过 0.5 g，过量的味精会产生一种似咸非咸、似涩非涩的怪味；不要每天必用、每菜必用，防止对其产生依赖性。二要注意味精使用温度和时间，投放味精的适宜温度是 70~80 ℃，此时鲜味最浓。实验证明，味精水溶液加热到 120 ℃时，部分谷氨酸钠会失水生成焦谷氨酸钠，鲜味尽失，因而上浆挂糊、炸制食品、急火快炒时不宜使用味精，温度低时味精不易溶解，如果吃拌菜需放味精提鲜，可用温开水化开味精，晾凉后浇在凉菜上。三是腌菜时不要使用味精。

味精在酸性菜肴中不易溶解，酸性越强，溶解度越低，鲜味效果越差。如糖醋菜等不能使用味精。味精遇碱会化合成一种具有不良气味的谷氨酸二钠，鲜味就没有了，如鱿鱼是用碱发制的，就不能加味精。对用高汤烹制的菜肴，不必使用味精。因为高汤本身已具有鲜、香、清的特点，使用味精，会将本味掩盖，菜肴口味不伦不类。凡是甜口菜肴都不应加味精，否则既破坏了鲜味又破坏了甜味。富含谷氨酸的食物如鸡蛋、西红柿等，做这些菜不宜放味精，像鸡蛋本身含有丰富的谷氨酸，炒鸡蛋时放一些盐（主要成分是氯化钠）即可。

【考一考】

　　1.味精是厨房烹饪中常用的调味料，是不是什么菜都要放味精？多吃味精好还是少吃味精好，为什么？

　　2.做菜的时候食盐放多了，是不是多放点味精可以减少咸味？

特有调味品——
酱油

大豆与酱油

酱油是中国传统的调味品，在历史上俗称很多，如豉油、清酱、豆酱、酱汁、晒油、淋油等，主要由大豆、淀粉、小麦、食盐经过制油、发酵等程序酿制而成，其色泽为红褐色，有独特酱香，滋味鲜美。酱油最早是由酱演变而来的，早在三千多年前，中国周朝就有制作酱的记载了。最早的酱油是在鲜肉腌制过程中获得的，与现今鱼露的制造过程相近，因为风味绝佳渐渐流传开来，后来人们发现大豆制成的酱油风味相似且便宜，才广为流传食用。公元8世纪，著名的鉴真和尚将其带到日本，后逐渐传播到东南亚乃至世界各地。

酱油的成分比较复杂，除食盐的成分外，还有多种氨基酸、糖类、有机酸、色素及香料等。酱油味道以咸味为主，亦有鲜味、香味等。它能增加和改善菜肴的口味，还能增添或改变菜肴的色泽。

【化学小知识】

酱油营养极其丰富，主要营养成分包括氨基酸、可溶性蛋白质、糖类、酸类等。氨基酸是酱油中最重要的营养成分，有甘氨酸、丙氨酸、谷氨酸、苯丙氨酸、组氨酸、丝氨酸、精氨酸、天冬氨酸、苏氨酸、脯氨酸、半胱氨酸、赖氨酸、酪氨酸、蛋氨酸、缬氨酸、亮氨酸、异亮氨酸、色氨酸18种氨基酸，其中包括了赖氨酸、缬氨酸、蛋氨酸、苏氨酸、亮氨酸、苯丙氨酸、异亮氨酸、色氨酸8种人体必需氨基酸，它们对人体有着极其重要的补充功能。酱油能产生一种天然的抗氧化成分，它有助于减少自由基对人体的损害；还原糖也是酱油的一种主要营养成分，是构成机体的一种重要物质，并参与细胞中的许多生命过程；总酸也是酱油的重要组成成分，包括乳酸、醋酸、琥珀酸、柠檬酸等多种有机酸，具有成碱作用，可消除机体中过剩的酸，降低尿的酸度，减少尿酸在膀胱中形成结石的可能。盐也是酱油的主要成分之一，含量一般在 18 g /100 mL 左右，它赋予酱油咸味，也能在一定程度上抑制有害细菌生长，有利于酱油的保存。酱油除了含有上述的主要成分外，还含有钙、铁等人类所需的微量元素。

乳酸结构

醋酸结构

琥珀酸结构

柠檬酸结构

【想一想】

你知道酱油是如何制作的吗？

制作酱油的原料是植物性蛋白质和淀粉质。植物性蛋白质取自大豆榨油后的豆饼，传统生产中以大豆为主；淀粉质原料普遍采用小麦及麸皮，传统生产中以面粉为主。

原料经蒸熟冷却，接入纯粹培养的米曲霉菌种制成酱曲，酱曲移入发酵池，加盐发酵，待酱醅成熟后，以浸出法提取酱油。制曲的目的是使米曲霉在曲料上充分生长发育，并大量产生和积蓄所需要的酶，如蛋白酶、肽酶、淀粉酶、谷氨酰胺酶、果胶酶、纤维素酶、半纤维素酶等，它们与酱油风味的形成息息相关。

蛋白酶及肽酶将蛋白质水解为氨基酸，产生鲜味；淀粉酶将淀粉水解成糖，产生甜味；果胶酶、纤维素酶和半纤维素酶等能分解细胞壁，使蛋白酶和淀粉酶水解得更彻底。同时，在制曲及发酵过程中，从空气中落入的酵母和细菌也进行繁殖并分泌多种酶。由乳酸菌产生适量乳酸，由酵母菌发酵生产乙醇，以及由原料成分、曲霉的代谢产物等所产生的醇、酸、醛、酯、酚、缩醛和呋喃酮等多种成分，虽多属微量，却能使酱油产生复杂的香气。此外，原料蛋白质中的酪氨酸经氧化生成的黑色素及淀粉经淀粉酶水解的葡萄糖与氨基酸反应生成的"类黑色素"，使酱油产生鲜艳有光泽的红褐色。发酵期间的一系列极其复杂的生物化学变化所产生的鲜味、甜味、酸味、酒香、酯香与盐水的咸味相混合，最后形成色香味俱全且风味独特的酱油。

【化学小应用】

酱油的食效和特殊作用

增进食欲：烹调食品时加入一定量的酱油，可增加食物的香味，并可使其色泽更加好看，从而增进食欲。

防癌：酱油的主要原料是大豆，大豆及其制品因富含硒等矿物质而有防癌的效果。

降低胆固醇：酱油含有多种维生素和矿物质，可降低人体胆固醇，降低心血管疾病的发病率，并能减少自由基对人体的损害。

【化学小知识】

什么是氨基酸态氮含量？

氨基酸态氮含量指的是以氨基酸形式存在的氮元素的含量。

氨基酸态氮是判定发酵产品发酵程度的特性指标。酱油的鲜味和营养价值取决于氨基酸态氮含量的高低，一般来说，氨基酸态氮含量越高，酱油的等级就越高，也就是说品质越好。按照我国酿造酱油的标准，氨基酸态氮含量大于等于 0.8 g/100 mL 为

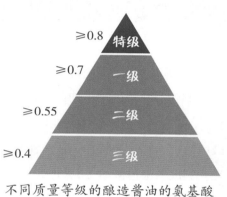

不同质量等级的酿造酱油的氨基酸态氮含量（g/100 mL）

特级，大于等于 0.7 g/100 mL 为一级，大于等于 0.55 g/100 mL 为二级，大于等于 0.4 g/100 mL 为三级。

氨基酸态氮含量的高低代表着酱油的鲜味程度，其作为酱油等级衡量的标准具有很大的意义，所以大多数企业都在不断提升配制技术和研发技术，以达到氨基酸态氮含量的高标准，从而获得更高的商业价值。

【厨房小实验】

生抽酱油和老抽酱油有什么不同？

从厨房中分别取生抽酱油和老抽酱油倒入菜盘或玻璃杯中进行比较，分别观察颜色和品尝味道。

颜色差别：生抽酱油颜色比较淡，呈红褐色；老抽酱油颜色很深，呈棕

生抽酱油与老抽酱油

褐色，有光泽。

味道不同：生抽酱油味道比较咸；老抽酱油吃到嘴里后，有一种鲜美的微甜的口感。

用途不同：生抽酱油用来调味，因颜色淡，故做一般的炒菜或者凉菜的时候用得多；老抽酱油一般是给食品着色用，比如做红烧等需要上色的菜时使用比较好。

制作方法不同：生抽酱油是酱油中的一个品种，以大豆、面粉为主要原料，人工接入种曲，经天然露晒，发酵而成，其产品色泽红润，滋味鲜美协调，豉味浓郁，风味独特；老抽酱油是在生抽酱油的基础上，加焦糖色经过特殊工艺制成的浓色酱油。

【化学小应用】

铁强化酱油

铁强化酱油是以强化营养为目的，按照标准在酱油中加入一定量的乙二胺四乙酸铁钠（NaFeEDTA）制成的营养强化调味品。它有益于改善铁缺乏和缺铁性贫血，改变有些人的缺铁现状。食物铁强化是目前国际公认的最经济、有效和可持续的给缺铁人群补铁的方法，发达国家早在 20 世纪 60 年代就开始在食物中强化营养素。之所以选择酱油为铁强化食物载体，是因为中国 80% 以上的家庭都会使用酱油来调味。

2003 年 9 月，卫生部启动了"应

NaFeEDTA 结构

用铁强化酱油预防和控制铁缺乏和缺铁性贫血"项目，把 NaFeEDTA 加到酱油里面作为预防缺铁性贫血的一个措施。它的优点是可以去除铁的铁锈味，同时不会产生铁过量的中毒现象，因为一个人酱油的摄入量是有限的。

【生活小窍门】

酱油炒面

面条是一个人在家时经常吃的，油泼面、炸酱面、炒面、汤面、焖面，都是不错的选择。

主料：面条（生）适量（1人份）。

辅料：鸡蛋1个，油菜适量。

步骤：两勺老抽加一勺生抽、一勺白糖调匀成料汁；小葱

酱油炒面

切成葱花；小油菜从中间切开；锅里加清水烧开，放入面条，煮熟后将面条捞出过凉水，沥干待用；锅里倒少许油，放入葱花炒香；放入面条，同葱花一起炒匀，再倒入调好的料汁，用筷子翻炒面条，使料汁均匀地裹在面条上；放入小油菜，炒至小油菜变软，连同面条一起盛出装盘；利用锅底的余油煎一个荷包蛋，煎好后盛出放在炒面上即可。

【考一考】

1. 食品工业中酿造酱油所用的原料主要是哪些？酱油中的主要营养物质有哪些？

2. 你能说出生抽酱油和老抽酱油的区别吗？在食品加工过程中什么时候用生抽酱油，什么时候用老抽酱油？

另类香草——烟

【厨房小实验】

香烟烟雾对小动物生命的影响

本实验可以选择多种小动物，如小金鱼、小昆虫等进行实验。

实验材料：香烟，小金鱼，两个水杯（分别编号1号、2号）。

实验步骤：取两个水杯，分别装上500 mL的清水或自来水（最好静置一段时间）；用橡皮管将注射器与香烟有滤嘴的一端连接，香烟的另一端点燃，然后抽动注射器芯，吸取烟雾；将注射器内的香烟烟雾注射到1号水杯的水中（注意：注射时动作不能太快，以便烟雾中的物质能充分地溶入水中）；同时把1~2条小金鱼分别放入两个水杯中，并开始观察对比，3~10 min内做连续观察，以后每隔10 min观察一次；分别观察两个水杯中小金鱼的生命运动状态。

实验结果：在注射香烟烟雾的水杯中，小金鱼的活

烟草

动能力逐渐减弱，1 h左右后死亡；另一水杯中的小金鱼没有变化。

【想一想】

你所了解的香烟有哪些危害？

"吸烟有害健康"这句话在每包香烟包装盒上都能看到，可是你对烟草和香烟的知识有了解吗？

香烟盒

烟在我国的汉字中有"香草"的含义。人们普遍认为烟草最早是源于美洲的一种植物，其叶子可用来口嚼或做成卷烟来吸。烟草属管状花科目，茄科一年生或有限多年生草本植物，夏秋季开花结果。考古发现，人类尚处于原始社会时，烟草就进入美洲居民的生活中了。那时，人们在采集食物时，无意识地摘下一片植物叶子放在嘴里咀嚼，因其具有很强的刺激性，正好起到恢复体力和提神醒脑的作用，于是便经常采来咀嚼，次数多了，便成为一种嗜好。16世纪中叶烟草开始传入中国。

烟是许多疾病的致病因素，是人类健康的大敌，吸烟被世界卫生组织称为"第五种威胁"（前四种是战争、饥荒、瘟疫、污染）。据分析，烟草中含有大约1 200种化合物，绝大多数物质对人体有害！香烟是烟草制品的一种，制法是把烟草烤干后切丝，然后以纸卷成长约120 mm、直径为10 mm的圆桶形条状。吸食时把其中一端点燃，然后在另一端用口吸吐产生的烟雾。虽然香烟内的化学物

烤干后的烟草

吸烟有害健康

质主要是干烟草，但是经过化学处理又添加了很多成分。有资料表明，香烟点燃后产生的烟雾中含有几百种有害物质。

香烟的烟雾中毒性最大的是烟碱，又叫尼古丁。一支香烟的尼古丁含量为 6~8 mg，足以毒死一只老鼠；20 支香烟的尼古丁可以毒死一头牛。能致人死亡的尼古丁剂量为 50~75 mg，一个人每天吸 20~25 支烟，就可以达到这个剂量。只是由于尼古丁是逐渐进入人体并逐渐解毒的，才不会致死。当然，人体在这个过程中，也会受到很大伤害。平均每吸一支烟会缩短 11 min 的寿命，不吸烟者比吸烟者要长寿。

【化学小知识】

你知道烟草烟雾中的有害化学成分有哪些吗？

吸烟者吸入香烟的过程，使香烟在不完全燃烧中发生一系列热分解与热合成的化学反应，形成大量新的物质，其化学成分很复杂，从烟雾中分离出的有害成分主要为尼古丁（烟碱）、一氧化碳、烟焦油（苯并芘）、重金属等。

尼古丁又称烟碱，分子组成为 $C_{10}H_{14}N_2$，是一种难闻、味苦、无色透明的油状挥发性液体，具有刺激的烟臭味，可溶于水、乙醇、油类等，可渗入皮肤，是香烟主要的成瘾源。尼古丁可引起胃痛及其他胃病；可造成血压升高、心跳加快，甚至心律不齐并诱发心脏病；可损害支气管黏膜，引发气管炎，毒害脑细胞；可使吸烟者出现中枢神经系统症状，可促进癌的形成。

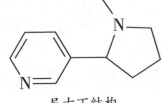

尼古丁结构

一氧化碳，分子式为 CO，是一种无色、无味、有毒的气体，具有可燃性、还原性和毒性，难溶于水，密度和空气密度相差很小，燃烧时发出蓝色的火焰，放出大量的热：$2CO+O_2 \xrightarrow{点燃} 2CO_2$。因此一氧化碳可以作为气体燃料。一氧化碳作为还原剂，高温时能将许多金属氧化物还原成金属单质，因此常用于 Cu、Fe 等金属的冶炼。

$$CO+CuO \xrightarrow{高温} Cu+CO_2$$
$$3CO+ Fe_2O_3 \xrightarrow{高温} 2 Fe+3CO_2$$

人们常说的煤气中毒，就是指一氧化碳中毒。一氧化碳与血红蛋白的亲和力比氧气高 250 倍，当人们吸入较多的一氧化碳时，一氧化碳与血红蛋白结合形成大量的碳合血红蛋白，而氧合血红蛋白大大减少，造成组织和器官缺氧，血红蛋白丧失了输送氧气的功能，进而使大脑、心脏等多种器官产生损伤。

烟焦油中的主要有毒物质为苯并芘，又称苯并（α）芘、3,4- 苯并芘，分子式为 $C_{20}H_{12}$，无色至淡黄色、针状晶体，不溶于水，微溶于乙醇等。苯并芘是强致癌物，它还存在于煤、石油、天然气中，但可被大气稀释，而香烟中的苯并芘被吸烟者直接吸入或弥漫于室内，浓度很高。燃烧一包香烟，可产生 0.24~0.28 μg 的苯并芘。成人口服 50 mg 即可致死。

香烟内的有害元素还有砷（As）和重金属镉（Cd）、铅（Pb）等。资料显示砷化合物经呼吸道黏膜被人体完全吸收，长期摄入时，砷以无活性的形式蓄积在上皮及皮肤附属器官如毛发、指甲以及骨骼中。人长期吸入镉可损害肾和肺，导致肺气肿和肾功能紊乱。人体吸入的铅经肺泡弥散进入血液循环，长期吸入铅烟雾可引起铅的慢性中毒。

吸烟可引发肺、喉、肾、膀胱、胃、结肠、口腔和食道等部位的肿瘤，以及白血病、慢性支气管炎、慢性阻塞性肺病、缺血性

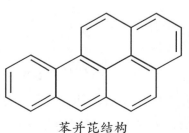

苯并芘结构

禁止吸烟标志

心脏病、脑卒中等其他疾病。据报道，目前我国每天有 2 000 余人死于吸烟引发的疾病，预计到 2050 年将增至 8 000 人。在与吸烟有关的死亡病例中，慢性肺部疾患占 45%，肺癌占 15%，食道癌、胃癌、肝癌、中风、心脏病以及肺结核共占 40%。世界卫生组织研究发现：烟龄超过十年、每天吸烟量超过 20 支的烟民，已处于深度吸烟中毒状态，会产生咽喉肿痛、胸疼胸闷、咳嗽不断、恶心、口臭等症状。总之，吸烟有可能成为 21 世纪危害中国人民健康和生命的第一大敌。

烟草问题已经越来越为世界和各国人民所关注。世界卫生组织在 1987 年创立"世界无烟日"，每年的 5 月 31 日为"世界无烟日"，其意义就是宣扬不吸烟的理念。

【想一想】

青少年吸烟有哪些危害？

青少年吸烟主要是好奇、从众和摆酷等心理因素造成的，在试一试、吸一吸中不知不觉上了瘾。医学研究表明，青少年正处在生长发育时期，各生理系统、器官都尚未成熟，其对外界环境的有害因素的抵抗力较弱，易于吸收毒物，损害身体的正常生长。同时吸烟损害大脑，使思维变得迟钝，记忆力减退，使学生的学习成绩下降。心理研究结果表明，吸烟者的智力效能比不吸烟者降低 10.6%。

现在全国各地都在创建"无烟学校"，校园内严禁吸烟，为青少年学生创造良好的无烟环境，这不仅有益于学生的身心健康，而且对人民体质的增强、整体人群健康水平的提高以及社会良好风尚的建立都具有深远的战略意义。

【化学小应用】

什么叫"二手烟"和"三手烟"？

"二手烟"这一名称最早出现于 1996 年，"二手烟"是最常接触到的污染物。吸"二手烟"也常叫作"被动吸烟"或"环境吸烟"，是指吸入别人喷出的烟雾，每天超过 15 min。抽烟时喷出的烟雾可散发超过 4 000 种气体和粒子物质，这些物质中大部分都是很强烈的刺激物，其中至少有 40 种在人类或动物身上可引发癌症。在抽烟者停止吸烟后，这些粒子仍能停留在空气中数小时，可被其他非吸烟人士吸进体内，亦可能和氡气的衰变产物混合在一起，对人体健康造成更大的伤害。研究表明，"二手烟"对身体的危害比一手烟有过之而无不及。除肺癌，吸烟还易导致鼻咽癌、食道癌，以及肾癌和胃癌等，可谓"一支烟在手，周围人也遭殃"。因此，要拒绝"二手烟"，离烟雾越远越好。

而"三手烟"是指衣服、墙壁、地毯、家具甚至头发和皮肤等表面的烟草残留物，这些物质与空气中的亚硝酸反应后可形成强致癌物。

【生活小窍门】

教你的家人科学戒烟的方法

1. 扔掉家里的吸烟用具，如打火机、香烟，减少"条件反射"。

2. 告诉别人不要给你的家人敬烟，更不要在你的家里吸烟。

3. 写下家人戒烟的理由。

4. 制订一个戒烟计划，减少家人每天吸烟的数量。

5. 多安排一些体育活动，如游泳、跑步、打球等。

6. 多喝一些果汁，可以帮助戒除对尼古丁的瘾。

7. 水是戒烟的妙药，当家人想吸烟时，可以让他们慢慢地喝上一杯水或茶。

8. 药物疗法戒烟，即用含有微量尼古丁的产品，如口香糖、鼻腔喷雾剂或贴在皮肤上的膏药等，来帮助戒烟者缓解戒烟过程中产生的易怒、失眠、焦虑等症状。

9. 当你的家人真的觉得戒烟很困难时，可以找专业医生咨询帮助。

【考一考】

1. 吸烟有害健康，吸烟更容易使人得哪些疾病呢？

2. 什么叫被动吸烟？被动吸烟有害吗？

3. 为预防控制烟草危害，我们青少年该怎么做？

魔力饮料——酒

我国的酒文化源远流长。酒有"久""有""寿"之内涵，不论是喜庆筵席、亲朋往来，还是逢年过节、日常家宴，人们都要举杯畅饮，以增添一些喜庆气氛。千百年来，人们还会以酒祭祖、以酒提神、以酒助胆、以酒御寒、以酒咏物、以酒抒怀。五千年华夏文明史，酒占三分，贯穿古今。

【想一想】

什么是酒？

酒是用高粱、米、麦或葡萄等发酵制成的含酒精的饮料。品种不同的酒其酒精含量也不同，一般饮用酒度数为酒精在其中所占的体积分数，如啤酒

不同的酒

含酒精 3%~5%，葡萄酒含酒精 6%~20%，黄酒含酒精 8%~15%，白酒含酒精 38%~65%。

【化学小知识】

酒精的化学成分是乙醇，所以乙醇俗称酒精。乙醇是由碳（C）、氢（H）、氧（O）三种元素组成的一种有机化合物，其分子式为 C_2H_6O，乙醇在常温常压下是一种易燃、易挥发，且具有特殊香味（略带刺激）的无色透明液体，密度为 0.8 g/cm³（比

免洗乙醇手消毒液

水小），沸点为 78.5 ℃，能溶解多种有机物和无机物，能与水以任意比例混溶。乙醇是溶剂、消毒剂（医疗上常用体积分数为 75% 的酒精消毒）和常用的燃料。乙醇燃烧可放出大量的热，反应式为 $C_2H_5OH + 3O_2 \xrightarrow{\text{点燃}} 2CO_2 + 3H_2O$。乙醇又是一种新能源，乙醇作燃料具有清洁、可再生等特点，可以降低汽车尾气中一氧化碳和碳氢化合物的排放。现在乙醇应用最广的是作车用燃料，主要有乙醇汽油和乙醇柴油，同时也可作为燃料电池的燃料，乙醇现已被确定为安全、方便、较为实用的理想的燃料电池燃料。乙醇也是工业上重要的化工原料，乙醇催化氧化生成乙醛：$2CH_3CH_2OH + O_2 \xrightarrow[\triangle]{Cu} 2CH_3CHO + 2H_2O$。工业上根据这个原理，可以由乙醇制造乙醛。现代工业上乙醇的制取是以石油裂解产生的乙烯为原料，在加热、加压和有催化剂存在的条件下，使乙烯跟水反应，生成乙醇。这种方法叫作乙烯水化法。反应式为：

$$CH_2 = CH_2 + H_2O \xrightarrow[\text{加热、加压}]{\text{催化剂}} CH_3CH_2OH。$$

乙醇结构

用乙烯水化法生产乙醇，成本低，产量大，能节约大量粮食。工业酒精里往往含有少量甲醇、醛类、有机酸等杂质，这大大增加了它的毒性。饮用工业酒精会引起中毒，甚至死亡。我国明令禁止使用工业酒精生产各种酒类。

【化学小应用】

发酵法酿酒的基本原理

中国是最早掌握酿酒技术的国家之一。发酵法是制取酒精的一种重要方法，所用原料是含糖类很丰富的各种农产品，如高粱、玉米、薯类以及多种野生的果实等，也常利用废糖蜜。首先将这些物质蒸熟，然后将酒曲（含有糖化酶、酒化酶）加入少量冷开水中调成浑浊液，再和蒸熟的食物混合均匀，然后将其放在 30~40 ℃环境下，经过发酵，生成葡萄糖后，在酒化酶作用下，葡萄糖转化成乙醇，再进行分馏，可以得到 95%（质量分数）的乙醇。化学反应原理如下：

$$(C_6H_{10}O_5)_n + nH_2O \xrightarrow{\text{催化剂}} nC_6H_{12}O_6$$

淀粉   葡萄糖

$$C_6H_{12}O_6 \xrightarrow{\text{酒化酶}} 2CO_2 \uparrow + 2CH_3CH_2OH$$

葡萄糖   乙醇

【厨房小实验】

家庭自制葡萄酒

选用紫红色的成熟的葡萄最适宜，用淡盐水浸泡半个小时，然后用流动清水冲洗干净即可。让其自然晾干，防止葡萄表面上的水分被带入葡萄酒中，影响葡萄酒的味道。酿制葡萄酒的容器最好是陶瓷罐子或者玻璃罐子，千万不要用塑料的容器。等待葡萄自然晾干之后，洗净双手戴上手套，将葡萄一个个捏碎之后，把葡萄的皮、籽和果肉都装入盆中，然后按照葡萄与白糖 6∶1 的比例放入适量白糖，混合之后搅拌均匀即可。在装瓶的时候，注意不要装

葡萄与葡萄酒

得太满，最好在瓶中留三分之一的空间。因为葡萄在发酵的过程中会产生大量的气体，如果装得太满会导致葡萄的汁液溢出来，瓶口也不要拧得太紧。夏季温度高，所以发酵时间短，一周左右即可，想要味道更加浓郁的话，也可以选择发酵十天；在秋季温度较低的时节，就需要发酵半个月了。等待发酵完成之后，就可以把酒过滤出来装瓶保存，密封置于阴凉干燥处，随饮随取。

【化学小应用】

交通警察是如何检测司机是否酒后驾驶的？

饮酒是交际的一种桥梁，是增进亲情、友情的一种沟通方式。适当的饮酒对于我们的身体来说有一定的好处，反之则伤身。酒精对人的损害，最主要的是中枢神经系统，它使神经系统从兴奋到高度的抑制，严重影响神经系统的正常功能。酒后驾驶会造成很大危害。

世界卫生组织的事故调查显示，大约50%~60%的交通事故与酒后驾驶有关。判断酒后驾车的常用方法是让驾车人员呼出的气体接触经硫酸酸化处理的强氧化剂三氧化铬（CrO_3），根据发生氧化还原反应后物质的颜色变化来判断。化学反应原理：

$$3C_2H_5OH+2CrO_3+3H_2SO_4 \rightarrow 3CH_3CHO + Cr_2(SO_4)_3 +6H_2O$$

　　　　　　橙红色　　　　　　　　　　　　　　　　绿色

过量饮酒还会损害肝脏。慢性酒精中毒，则可导致酒精性肝硬化，更严重的会诱发肝癌。此外，慢性酒精中毒，对身体还有多方面的损害，如可导致多发性神经炎、心肌病变、脑病变、造血功能障碍、胰腺炎、胃炎和溃疡病等，还可使高血压病的发病率升高。长期大量饮酒，也会危害生殖细胞，导致后代的智力低下。常饮酒的人喉癌及消化道癌发病率也明显提高。

【生活小窍门】

1. 清洗加工鱼以后，手上会有腥味。若用少量白酒洗手，再用水清洗，手上的腥味即可去掉。

2. 加工鱼时不小心弄破了鱼胆，鱼肉沾上了胆汁就会发苦。这时，可在鱼肉上涂些酒，再用冷水冲洗，苦味即可消除。

3. 炒鸡蛋时，滴几滴白酒或烹点米酒，炒出的蛋既松软香郁，又鲜美可口。

4. 啤酒代水炖牛肉，肉嫩味鲜。

5. 在和面蒸馒头时，在面粉中加些啤酒，蒸出来的馒头格外松软香甜。

6. 衣服上染有醋、酱渍、草汁、药膏渍、泡泡糖渍等，可用酒精擦除。衣服上沾有圆珠笔迹，先用肥皂洗涤，再用95%的酒精擦洗，即可除去。

7. 门窗玻璃脏了，可先用湿布擦，再用干净的湿布蘸点白酒擦，玻璃会更加干净明亮。

8. 盆栽菊花，从花蕾期开始，浇点啤酒，花开后香味更浓郁。

【考一考】

1. 白酒、红酒的度数代表其中酒精的体积分数，那啤酒的度数也是代表酒精的体积分数吗？如果不是，那代表什么？

2. 红酒饮用之前，最好先倒进小口大肚的容器中进行"醒酒"，你知道为什么要这么做吗？

神奇的东方树叶——茶叶

未采的茶叶

中国是茶叶的故乡，茶叶被西方人称为"神奇的东方树叶"。茶，发乎神农，闻于周公，兴起于唐代，发展至今形成了独一无二的茶文化。我国最先发现了茶，并且把它制作发展，如今已经成为风靡世界的三大无酒精饮料（茶、咖啡和可可）之首，越来越多的研究证明了茶叶的健康价值。茶已经成为和谐与温馨的象征。

【想一想】

你知道"茶"的来历吗？

《神农本草经》中记载："神农尝百草，日遇七十二毒，得茶而解之。"据考证，这里的"茶"就是指古代的茶。"茶"字最早出现在唐朝中期，在这之前，"茶"字都是用"荼"表示的。"荼"字是苦菜的意思，这个字义诠释了远古人们对茶叶的基础认识和茶叶的保健、医疗功效。

研究发现经常喝茶对身体的保健有着诸多的好处，而喝茶的好处到

茶具

底有哪些往往是由其所含有的化学成分决定的。现代科学的分离和鉴定表明，茶叶中含有机化学成分 450 多种，无机矿物元素 40 多种。茶叶中的有机化学成分和无机矿物元素含有许多营养成分和药效成分。有机化学成分主要有茶多酚、植物碱、蛋白质、氨基酸、维生素、果胶、有机酸、脂多糖、糖类、酶类、色素等。而铁观音所含的有机化学成分，如茶多酚、儿茶素、多种氨基酸等，含量明显高于其他茶类。无机矿物元素主要有钾、钙、镁、钴、铁、锰、铝、钠、锌、铜、氮、磷、氟、碘、硒等。铁观音所含的无机矿物元素，如锰、铁、氟、钾、钠等，含量均高于其他茶类。很多成分可以增进人体健康。

【化学小知识】

儿茶素，又名儿茶酸、儿茶精，系从茶叶等天然植物中提取出来的一类酚类活性物质，化学组成为 $C_{15}H_{14}O_6$。其为白色针状结晶，无特殊气味，溶于热水、乙醇，微溶于冷水，几乎不溶于苯、氯仿。儿茶素是茶叶的重要成分，具有防治心血管疾病、预防癌症等多种功能。

儿茶素结构

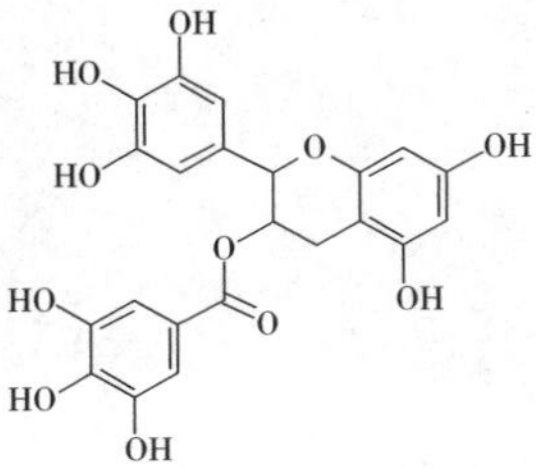

茶多酚结构 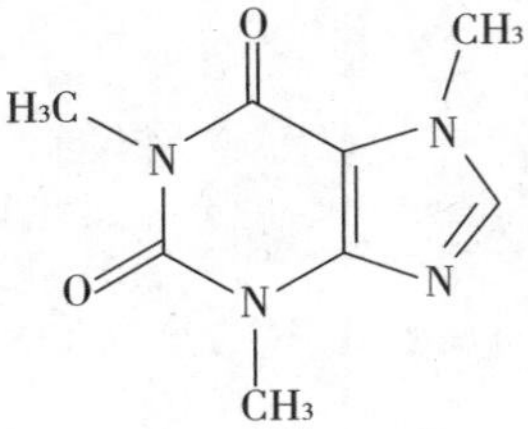　　　　　　　咖啡碱结构 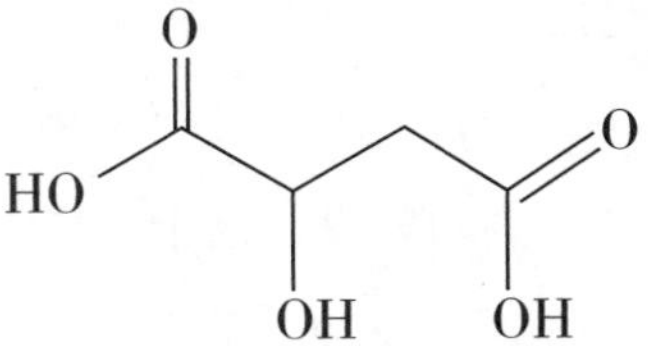　　　　　　DL－苹果酸结构

茶多酚是茶叶中酚类物质及其衍生物的总称，并不是一种物质，约占干物质总量的 20%~35%。如图是茶多酚中的一种结构，分子式为 $C_{22}H_{18}O_{11}$。茶多酚的功效主要有消除有害自由基、抗衰老、抗辐射、抑制癌细胞、抗菌杀菌等。

茶叶中的生物碱包括咖啡碱、可可碱和条碱。其中以咖啡碱的含量最多，约占 2%~5%。咖啡碱，分子式为 $C_8H_{10}N_4O_2$，易溶于水，是形成茶叶滋味的重要物质，具有兴奋大脑神经和促进心脏机能亢进的作用。

茶叶中的有机酸多为游离有机酸，如苹果酸、柠檬酸、琥珀酸、草酸等。茶叶中的有机酸是香气的主要成分之一，现已发现茶叶香气成分中有机酸的种类达 25 种。分析表明，茶叶中至少含有 25 种氨基酸，人体必需的氨基酸是 8 种，茶叶中就含有 6 种。氨基酸是构建生物机体的众多生物活性分子之一，是构建细胞、修复组织的基础材料。

茶中含量最多的矿物质是磷、钾，其次是钙、镁、铁、锰等。还有少量的锌、铜、钴、硒等微量元素。钾有促进钠排出的功能，这对防治高血压有重要意义。铁参与机体血红蛋白的合成，体内铁缺乏容易出现贫血。另外，锰具有抗氧化和美颜抗衰老的特殊功效，能增强机体的免疫功能，有助于钙的吸收。

【家庭小实验】

自制茶叶蛋

茶叶蛋是中国有名的小吃，是中国的传统食物之一，是煮制过程中加入茶叶的水煮蛋，因其做法简单，携带方便，售卖的商贩多在车站、街头巷尾、游客行人较多之处置小锅现煮现卖，物美价廉。茶叶蛋可以作餐点，闲暇时又可当零食，实用和情趣都兼而有之。在煮制过程中加入少许茶叶，煮出来的蛋色泽褐黄。

茶叶蛋

　　茶叶蛋做法如下：鸡蛋 15 至 20 个洗干净，放入陶瓷煲或不锈钢煲中，加入清水 2 L 左右，食盐 2 汤匙，老抽 15 mL（调色用），香叶、八角、花椒、桂皮、姜少许，红茶叶 10 g 左右，冰糖 15 g 左右，生抽 80 mL，开大火煮至水滚，转中火，中火煮 10 min。用勺背轻轻敲裂蛋壳，确保每个都产生裂纹，裂纹越多越入味，这时转小火再煮 25~30 min 关火，就可以捞出来放凉，去壳食用了。

【生活小窍门】

　　茶为一种植物，可食用，解百毒，常品有益健康，还可作药用，所以就有老话"茶乃天地之精华，顺乃人生之根本"。生活中茶有哪些巧用呢？

　　灭菌：每天喝些绿茶可以降低胃溃疡的发病率，因为绿茶当中含有儿茶素，它能有效抑制幽门螺旋杆菌，帮助预防胃溃疡和十二指肠溃疡。

　　驱蚊：在日常生活中，喝完茶之后将残留的茶叶收集起来晒干，将晒干的茶叶放在有蚊虫的地方燃烧，可以起到驱虫防蚊的作用。

　　止泻：茶叶和蒜瓣一起配合，帮助止泻。

　　解渴：喝茶可以生津润喉，清除内热，口干的时候喝茶解渴是一种很好的办法。

散热：在夏天想要好好地解渴消暑散热的话，应该喝些热茶，发一发汗，能很快将体内的热散走。

防晒：茶中的儿茶素有着很强的抗氧化功效，能抵御阳光照射的伤害。

预防中风：经常喝茶可以防止脑中风。因为茶里面含有单宁酸，这种物质可以抑制过氧化脂质的生成。此外茶叶里还含有类黄酮类的化合物，能够帮助抗炎症、防止感染、预防血栓，喝茶可以降低心肌梗死病发率。

缓解腰肌劳损：喝茶可以缓解腰肌劳损，尤其是一些中老年人，患慢性腰肌劳损的非常多，经常喝茶可以缓解病症。

【小知识】

中国是茶的故乡，制茶、饮茶已有几千年历史，名品荟萃，主要品种有绿茶、红茶、乌龙茶、白茶、黄茶、黑茶。绿茶是我国产量最多的一类茶叶，具有香高、味醇、形美、耐冲泡等特点。其制作都需经过杀青—揉捻—干燥的过程。由于加工时干燥的方法不同，绿茶又可分为炒青绿茶、烘青绿茶、蒸青绿茶和晒青绿茶。红茶加工时不经杀青，而是进行萎凋，使鲜叶失去一部分水分，再揉捻（揉搓成条或切成颗粒），然后发酵，使所含的茶多酚氧化，变成红色的化合物。乌龙茶属半发酵茶，即制作时适当发酵，使叶片稍有红变，是介于绿茶与红茶之间的一种茶类，它既有绿茶的鲜浓，又有红茶的甜醇。白茶是我国的特产，它加工时不炒不揉，只将细嫩、叶背满茸毛的茶叶

茶道

晒干或用文火烘干，而使白色茸毛完整地保留下来。黄茶在制茶过程中，经过闷堆渥黄，因而形成黄叶、黄汤。黑茶原料粗老，加工时堆积发酵时间较长，使其叶色呈暗褐色。

茶有健身、治疾之药物疗效，又富欣赏情趣，可陶冶情操。中国茶艺在世界享有盛誉，在唐代就传入日本，形成日本茶道。

【考一考】

中国是茶文化的发源地。茶文化的精神内涵即是通过沏茶、赏茶、闻茶、饮茶、品茶等习惯与中国的文化内涵和礼仪相结合形成的一种具有鲜明中国文化特征的文化现象。宾客至家，总要沏上一杯香茗，开个茶话会，既简便经济，又典雅庄重。所谓"君子之交淡如水"，也是指君子之间的交往如同清香宜人的茶水。你知道如何敬茶吗？

大自然的馈赠——天然药物

部分中草药

人的正常生命活动需要有充足的、合理的营养物质来保障，这类物质包括糖、脂肪、蛋白质、维生素、水、无机盐以及微量元素。营养物质的缺乏或过剩都会对机体造成损害而引发疾病。药物是具有预防、诊断、缓解、治疗疾病及调节机体生理机能的一类物质，它是人类抵御疾病的重要武器之一。

天然药物是指动物、植物和矿物等自然界中存在的有药理活性的天然产物。天然药物不等同于中药或中草药。天然药物取自植物、动物和矿物，来源丰富。我国明代医学家李时珍（1518—1593）所著《本草纲目》中收载天然药物1 892种，附药方11 096个，对医学做出了巨大贡献。

化学对开发中草药有重要意义。例如，具有止咳平喘作用的麻黄碱是从中药麻黄中提取的生物碱。两千多年前的《神农本草经》就有麻黄能"止咳逆上气"的记载。

【化学小知识】

麻黄碱是一种生物碱，分子式为 $C_{10}H_{15}NO$，其存在于多种麻黄属植物中，是中草药麻黄的有效成分之一，它是无色挥发性液体，可以用水蒸气蒸馏提取。麻黄碱可用于治疗支气管哮喘、鼻黏膜充血引起的鼻塞等。服用麻黄碱可引起中枢神经兴奋而产生不安、失眠等不良反应。晚间服用最好同服镇静催眠药以防止失眠。

麻黄碱结构

服用麻黄碱可以明显提高运动员的兴奋程度，使运动员超水平发挥，但对运动员本人有极大的副作用。因此，这类药品属于国际奥委会严格禁用的兴奋剂。

【化学小应用】

阿司匹林的发现和应用

阿司匹林的发现起源于人类长期服用柳树皮汁止痛。早在唐朝时期，我国人民就发现柳树皮汁可止痛和退烧。1800 年，人们从该类植物中提取出药物的活性成分——水杨酸盐。1853 年，德国化学家柯尔柏（H.Kolbe，1818—1884）合成了水杨酸，并于 1859 年实现工业化生产。但水杨酸及其盐类对胃的刺激性大，而且味道令人生厌。1889 年，另一位德国化学家霍夫曼（F.Hoffmann，1866—1956）经过多次试验，成功地将水杨酸制成了毒性和副作用较小的乙酰水杨酸，这就是沿用至今的阿司匹林。1899 年，德国化学家拜耳研究出了批量生产阿司匹林的工艺，把阿司匹林真正推向了医药市场，成为一种为全人类造福的良药，一直沿用至今。

阿司匹林与氢氧化钠中和制得的钠盐，易溶于水，称为可溶性阿司匹林，疗效更好。

中国医药被认为是当今国际上最为发达的天然药物体系。从天然药物使用的规模来看，目前，单是我国天然药物总数已达 12 772 种，其中植物来源的有 11 118 种，动物来源的有 1 574 种，矿物来源的有 80 种；而植物来源的天然药物又以被子植物中的双子叶植物最多，有 8 598 种。尽管如此，受制于文化差异、指导思想、技术路径等因素，以中医药为代表的中国天然药物的科学内涵尚未被国际社会广泛接受。中国天然药物（中医药）坚守中国五千年文化根基，在中药配制上，保留了几千年以来的配方与配制方法。中国大型中医药企业，如步长制药、片仔癀、天士力、云南白药等在制作天然药物时，基本上以中国几千年的配方为基础，融合现代生产技术，将中药配方做成各种现代化、标准化的剂型产品（片剂、胶囊、浓缩丸、滴丸、丸、膏等），从而适应现代社会人们的快节奏生活，方便使用。

【 厨房小实验 】

自制预防流感中药香囊

用单面绒布或丝绸等透气性好的布料，制作成布袋形状，可做成心形、枕形、菱形等袋体。顶端缝上便于悬挂的丝绦。到中药房购买霍香、丁香、木香、羌活、白芷、柴胡、菖蒲、苍术、细辛各 3 g，碾成粉末装入香袋即可。（药方出自《当代中药外治临床大全》）

【 化学小应用 】

青蒿素与屠呦呦

青蒿素主要是从青蒿中直接提取得到或提取青蒿中含量较高的青蒿酸，然后半合成得到。目前除青蒿外，尚未发现含有青蒿素的其他天然植物资源。

1972 年，屠呦呦和她的同事在青蒿中提取出了一种分子式为 $C_{15}H_{22}O_5$

的无色结晶体，熔点为
156 ℃ ~157 ℃，味苦，可
溶于乙醇，几乎不溶于水。
他们将这种无色的结晶体
物质命名为青蒿素。青蒿
素是具有"高效、速效、
低毒"优点的新结构类型
抗疟药，对各型疟疾特别
是抗性疟有特效。2015 年

屠呦呦

10月，屠呦呦因发现青蒿素而获得诺贝尔生理学
或医学奖，该药品可以有效降低疟疾患者的死亡
率。屠呦呦成为首获科学类诺贝尔奖的中国人，
诺贝尔科学奖项是中国医学界迄今为止获得的最
高奖项，也是中医药成果获得的最高奖项。

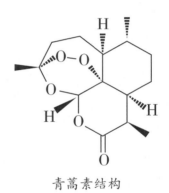

青蒿素结构

　　"是药三分毒"是祖祖辈辈世代相传的一句
话，说的是凡是药物都带有一定的毒性或副作用，
应该在医生指导下使用。如果应用合理，可以防
治疾病，反之，则有可能危害健康。

　　"另类药物"——毒品

　　毒品是指出于非医疗目的反复使用，能够产生依赖性即成瘾性的药品。
这里的"药品"一词是个广义的概念，主要指吸毒者滥用的鸦片、海洛因、
冰毒等，还包括具有依赖性的天然植物、烟、酒和溶剂等，与医疗用药品是
不同的概念。天然毒品是直接从毒品原植物中提取的毒品，如鸦片、大麻等。

　　鸦片又叫阿片，俗称大烟，是罂粟果实中流出的乳液经干燥凝结而成。
因产地不同而呈黑色或褐色，味苦。生鸦片经过烧煮和发酵，可制成精制鸦片，
吸食时有一种强烈的香甜气味。吸食者初吸时会感到头晕目眩、恶心或头痛，

罂粟

多次吸食就会上瘾。

大麻是桑科一年生草本植物，分为有毒大麻和无毒大麻。无毒大麻的茎、秆可制成纤维，籽可榨油。有毒大麻主要指矮小、多分枝的印度大麻。大麻类毒品包括大麻烟、大麻脂和大麻油，主要活性成分是四氢大麻酚。大麻对中枢神经系统有抑制、麻醉作用，吸食后令人出现幻觉和妄想，长期吸食会引起精神障碍、思维迟钝，并破坏人体的免疫系统。

毒品带给人类的只会是毁灭。清朝末期鸦片泛滥，使民穷财尽、国势险危。吸毒于国、于民、于己有百害而无一利！毒品摧毁的不仅是人的肉体，还有人的意志。人们特别是青少年一定要珍爱生命，远离毒品。

【生活小窍门】

生活中常见的十种天然药物

1. 天然安眠药——香蕉。香蕉实际上就是包着果皮的"安眠药"，除了能平稳血清素和褪黑素外，它还含有镁离子，而镁离子能够使肌肉放松，起到安眠的作用。另外，香蕉能增加大脑中使人愉悦的5-羟色胺物质的含量，能帮助多愁善感的人驱散悲观、烦躁的情绪，保持快乐的心情。

2. 天然补肾药——山药。山药有"白人参"之称，含有多种营养素，具有补肺、健脾的作用，能益肾填精。

3. 天然皮肤药——甘菊。甘菊有"植物的医师"的美誉，其最主要的特点就是温和清凉，能够起到抗过敏的作用，特别是对过敏、湿疹、皮炎和干燥泛红的皮肤，有显著的疗效。

4. 天然感冒药——柠檬。柠檬富含维生素 C，柠檬茶是天然"感冒药"，能顺气化痰、消除疲劳。

5. 天然胃药——卷心菜。卷心菜又称高丽菜，富含膳食纤维，又被称作"厨房里的天然胃药"，对胃溃疡和十二指肠溃疡有辅助治疗作用。

6. 天然止痛药——生姜。生姜能阻止疼痛信息传到中枢神经系统，缓解疼痛感，还可辅助治疗风湿和关节炎，生姜吃法多样，可入菜也可泡茶。

7. 天然降压药——芹菜。芹菜，又叫香芹、蒲芹等，除香口好食之外，还有降压的药用功效。

8. 天然降脂药——山楂。山楂里面含有三萜类和黄酮类成分，能降低血清胆固醇，具有减肥降脂的作用。

9. 天然降糖药——肉桂。糖尿病人常吃肉桂食品，能起到暖身和降糖的双重作用。肉桂本身具有类似胰岛素的活性，在辅助治疗糖尿病方面具有应用价值。

10. 天然消炎药——蜂蜜。蜂蜜的应用历史悠久。天然的蜂蜜具有很多可以攻击病菌的特性，从而使病菌很难形成抵抗性。

【考一考】

　　现代人对健康养生越来越重视，其实生活中有些食物就是天然的养生药物，如果经常吃的话，对我们的身体有非常大的好处，而且对防病、治病有很好的辅助作用。请你举例说明日常生活中的一些"纯天然"药物。

有意而为的色香味——
食品添加剂

【想一想】

当你来到食品商店时，也许会被那里的色彩所吸引，如生日蛋糕上的彩色装饰，五颜六色的饮料和糖果。如果再品尝一下，味道酸甜可口。这些颜色和味道是怎样形成的？

其秘密就是加入了不同的食品添加剂。加入食品添加剂，能让食品变得更美味、香甜、爽口、色彩诱人，还能保存很长时间。现代生活和食品工业中离不开食品添加剂。食品添加剂是指为了改善食品品质及其色、香、味，以及为防止食品氧化、腐败、变质，补充食品在加工过程中失去的营养成分等而加入食品中的一些人工合成或天然物质。食品添加剂往往是一种或多种物质（不是食品原料固有物质），一般不能单独作食品食用，添加量要按照国家相关标准严格控制。

【化学小知识】

按作用和功能的不同划分，食品添加剂主要有以下几类：

（1）改善食品感官的食品添加剂，如着色剂、发色剂、漂白剂等。常用色素有 β－胡萝卜素（$C_{40}H_{56}$）、番茄红素（$C_{40}H_{56}O_2$）、胭脂红（$C_{22}H_{20}O_{13}$）、

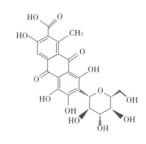

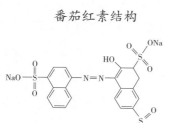

β-胡萝卜素结构

番茄红素结构

胭脂红结构

苋菜红结构

柠檬黄结构

柠檬黄（$C_{16}H_9N_4O_9S_2Na_3$）、苋菜红（$C_{20}H_{11}N_2O_{10}S_3Na_3$）、靛蓝（$C_{16}H_{10}N_2O_2$）等。

（2）改变食品状态的食品添加剂，如膨松剂、乳化剂、增稠剂、凝固剂等。

（3）增添食品味道的食品添加剂，如调味剂。常见的酸味剂有番茄酱等；甜味剂有蜂蜜、饴糖等；咸味调料有酱料等；鲜味剂有鱼露、蚝油等；辣味调料有花椒、辣椒、姜、葱、蒜等；食用香精。

部分调料

山梨酸钾结构

苯钾酸钠结构

山梨酸结构

苯钾酸结构

（4）防止食品腐败变质、延长食品保存期的食品添加剂，如防腐剂、抗氧化剂等。常见的防腐剂有山梨酸钾（$C_6H_7O_2K$）、苯甲酸钠（$C_7H_5O_2Na$）、山梨酸（$C_6H_8O_2$）、苯甲酸（$C_7H_6O_2$）、亚硝酸钠（$NaNO_2$）、二氧化硫（SO_2）等，主要用于制作面包、糕点、罐头、果汁、酱油、果糖、蜜饯、酱菜、葡萄酒等。

对于一些腌制的肉类食品如火腿、香肠、腊肠和腊肉等，一般加入防腐剂——亚硝酸钠（$NaNO_2$），它不仅是防腐剂，而且有抗氧化作用。因为肉类长时间接触空气，它的红色会被氧化成难看的暗棕色，加入亚硝酸钠后，可以较长时间地保持鲜红色。但是，亚硝酸钠会与肉类的蛋白质反应，生成一种致癌的化合物——亚硝胺类物质。所以不能长期或大量进食含有防腐剂的食品。

（5）增强和补充食品的营养成分或微量元素的食品添加剂，如营养强化剂等。食用维生素强化食品（食品中常加入维生素 A、维生素 C、维生素 D、维生素 E 等）可补充人体内的维生素；食用无机盐强化食品（如钙强化营养盐、钙强化面包、钙或锌强化饼干等）可补充人体内某些无机盐；食用氨基酸强化食品（如赖氨酸面包这类强化食品主要加入的是人体必需的 8 种氨基酸），可避免人体内氨基酸的缺乏。

【化学小应用】

亚硝酸钠的性质

亚硝酸钠的化学式为 $NaNO_2$，为白色或淡黄色细结晶，略有咸味，易潮解，易溶于水，其水溶液呈碱性，微溶于乙醇等有机溶剂。亚硝酸钠在肉类制品加工中不但是防腐剂，还用作发色剂。在肉类制品中，亚硝酸钠对抑制微生物的增殖有一定作用，同时能提高腌肉的风味。亚硝酸钠在腌肉、咸鱼干及食物烹调和消化过程中都会和蛋白质中的胺反应，产生致癌物质——亚硝胺类化合物：

R_2NH（胺）$+ NaNO_2$（亚硝酸钠）$\rightarrow R_2N{-}N{=}O$（亚硝胺）

亚硝酸钠是一种工业盐，虽然和食盐氯化钠很像，但有毒，不能食用。亚硝酸钠会与血液中的血红蛋白发生反应，使血红蛋白不能携带氧，造成人体缺氧中毒。因此误食亚硝酸钠对人体的危害很大。

【家庭小实验】

自制柠檬碳酸水

用料：柠檬半个；小苏打（碳酸氢钠）适量（少于半勺）。

做法：将洗净准备好的柠檬切半，将小半勺小苏打放入洁净的玻璃水杯中，杯中倒入纯净水或冷开水，将半个柠檬挤汁入水中，此时可以看到有气泡产生，柠檬碳酸水就配制好了。若想喝甜味的可以加白糖或蜂蜜。

随着食品工业的发展，食品添加剂已成为人类生活中不可缺少的物质。对于什么物质可以用作食品添加剂，以及食品添加剂的使用量，相关部门都有严格的规定。在规定的范围内使用食品添加剂，一般认为对人体是无害的，但是违反规定，将一些不能作为食品添加剂使用的物质当作食品添加剂，或者超量使用食品添加剂，都会损害人体健康。

柠檬碳酸水

【化学小应用】

三鹿奶粉事件

2008 年发生的"三鹿奶粉事件"是一起食品安全事故。事件起因是很多食用三鹿集团生产的婴幼儿奶粉的婴儿，被发现患有肾结石，随后在其奶粉中发现化工原料三聚氰胺。2008 年 9 月 13 日，中华人民共和国国务院启动国家重大食品安全事故 I 级响应，成立由卫生部牵头、质检总局等有关部门和地方参加的

"三鹿奶粉"事件示意图

处理三鹿牌婴幼儿奶粉污染事件小组，对患病婴幼儿实行免费救治，所需费用由国家财政承担。有关部门对婴幼儿奶粉生产和奶牛养殖、原料奶收购、乳品加工等各环节开展检查。质检总局负责会同有关部门对市场上所有婴幼儿奶粉进行了全面检验检查。在查明事实的基础上，严肃处理违法犯罪分子和相关责任人。"毒奶粉事件"在中国形成了一股"行政问责与司法问责风暴"。

三聚氰胺俗称密胺、蛋白精，分子式为 $C_3H_6N_6$，是一种有机化合物，是氨基氰（CH_2N_2）的三聚体，为白色晶体，几乎无味，微溶于水，对身体有害，被用作化工原料，不可用于食品加工。

对于食品添加剂，我们不要过度担心，只要我们在购物时选择正规厂家生产的产品，在国家规定允许范围内使用，那么食品添加剂对健康是无害的。食品添加剂有利有弊，我们要知道如何趋利避害，发挥它的最大价值。

三聚氰胺结构

【生活小窍门】

如何与食品添加剂共处又不影响我们的生活品质?

1. 一定要学习食品知识,它关乎我们和家人的身体健康。另外,在逛超市时,一定要仔细阅读商品包装上的说明。

2. 泡方便面时,可先将其用滚水烫过,溶解出面饼的添加物。泡面内的调料包尽量少加一点,减少添加物、盐、油脂的摄取。

3. 购买饼干时,不夹馅的为优选。

4. 煎炒培根、火腿前,先将其用滚水烫过,搭配新鲜蔬菜食用。

5. 炖煮腌渍类食品时,将汤汁倒掉,因有许多添加物已溶解在汤汁中。

6. 薯片是年轻人非常喜爱的食品,但其中添加剂种类也很多,口味单一的相对好一点,所以原味优于其他口味。

7. 酱油中的谷氨酸及谷氨酸钠的分解物质中含有很强的变异原物质,尤其是在和植物油与味精混在一起加热时,变异原物质量会进一步增加。在烹调菜肴时不宜在高温的炒菜过程中添加味精。

8. 挑选酱油时可闻香气。采用传统工艺生产的酱油有一种独有的香气。如果闻到的味道较为刺鼻或酱油颜色太深,其可能添加了过量食品添加剂。

10. 买食品的时候,要尽量选择加工度低的食品。加工度越高,添加剂可能越多。

(摘自 2010 年《今日早报》)

【考一考】

1. 收集和调查厨房和家中的各种食品标签,仔细阅读其中的配料和成分,找出属于食品添加剂的内容。

2. 你认为我们是否应该禁止使用食品添加剂?

重要的体内能源——油脂

油——植物油脂（液态）

生命是由一系列复杂、奇妙的化学过程维持着的，食物为有机体的这一过程提供原料，同时也为生命活动提供能量。食物中的基本营养物质除了糖类，还有油脂和蛋白质。

【想一想】

什么是油脂？油和脂肪是一种物质吗？

食物中的油脂就是我们通常食用的油，食用油也称为"食油"，是指在制作食品过程中使用的动物或者植物油脂。由于原料来源、加工工艺以及品质等，常见的食用油多为植物油脂，包括

脂肪——动物油脂（固态）

菜子油、花生油、葵花籽油、大豆油、玉米油、芝麻油、橄榄油、山茶油、棕榈油、芥花油、粟米油、火麻油、亚麻籽油（胡麻油）、葡萄籽油、核桃油、牡丹籽油等，常温下为液态，称为油。动物油脂常见的有猪油、牛油、羊油等，常温下为固态，常称为脂肪。

【厨房小实验】

查找家里厨房中有哪些食用油脂，分别从颜色、状态、气味上进行对比。试着从不同品种食用油的包装说明上找出它们的成分分别是什么，再用金属长勺各取少量的食用油脂分别放入水中和火焰上加热，观察有什么现象。

【化学小知识】

油脂都是由 C（碳）、H（氢）、O（氧）三种元素组成的有机化合物，主要化学成分是高级脂肪酸甘油酯，简称甘油三酯。如硬脂酸甘油酯、软脂酸甘油酯、油酸甘油酯等。油脂通常无色、无臭、无味，密度比水小，有明显的油腻感，不溶于水，易溶于有机溶剂，是一种良好的有机溶剂。当高级脂肪酸中烯烃基（—CH=CH—）多时大多为液态的油；当高级脂肪酸中烷烃基（C_nH_{2n+1}—）多时大多为固态的脂肪。天然油脂是混合物，无固定熔、沸点。

$$
\begin{array}{l}
\quad\quad O \\
\quad\quad \| \\
R_1 - C - O - CH_2 \\
\quad\quad O \\
\quad\quad \| \\
R_2 - C - O - CH \\
\quad\quad O \\
\quad\quad \| \\
R_3 - C - O - CH_2
\end{array}
$$

甘油三酯结构

【想一想】

油脂在人体内发生了什么变化？

在人体中，油脂主要在小肠被消化吸收，消化过程实质上是在酶的催化作用下，高级脂肪酸甘油酯发生水解，生成高级脂肪酸和甘油。

水解生成的一部分高级脂肪酸和甘油被氧化分解，为人体提供能量（1 g 油脂在体内氧化释放的热能约为 39 kJ，远远高于等质量的糖类或蛋白质氧化

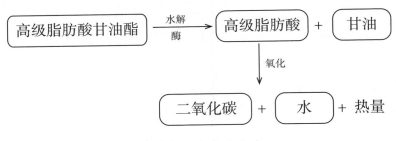

油脂在人体中的代谢

所释放的热能）；另一部分在酶的作用下，重新合成人体所需的脂肪等物质，储存于人体中。如果人在较长时间内未进食，体内储存的脂肪将会被氧化分解，为人体提供能量。

一般成年人体内储存的脂肪约占体重的 10%~20%，当人在劳动或运动时会大量消耗能量，体内的脂肪发生氧化反应，生成二氧化碳和水。但如果膳食中摄入脂肪过多，就会造成肥胖。水解生成的高级脂肪酸同时还合成人体所需的其他化合物，如磷脂、固醇等原料，这些化合物是细胞的主要成分，在生命活动中起着重要作用。必需脂肪酸在体内还有多种生理功能，如促进发育、维持健康、参与胆固醇代谢、促进脂溶性维生素的吸收等。

在各种食用油脂中，饱和脂肪酸、不饱和脂肪酸、多不饱和脂肪酸的含量是不同的。有些脂肪酸是人体必需的，称为必需脂肪酸，它们是亚油酸、亚麻酸和花生四烯酸。其中亚油酸最重要，如果有了它，人体就能合成另外两种有机酸。缺乏亚油酸，会使人体发育不良，皮肤和肾受损。亚油酸在医

$$CH_3(CH_2)_4 \quad CH_2 \quad (CH_2)_7COOH$$
$$C = C \quad C = C$$
$$H \quad H \quad H \quad H$$

亚油酸结构

疗上可用于治疗血脂过高和动脉硬化。亚油酸以甘油酯的形式存在于动植物脂肪中。在植物油中，亚油酸含量比较高，如花生油中约含 26%，豆油中约含 57.5%，动物脂肪中，亚油酸含量比较少，如牛油中约含 1.8%。脂肪中必需脂肪酸的含量越高，其营养价值越高。一般来说，植物油和海洋鱼类脂肪中必需脂肪酸的含量较高。

【化学小应用】

反式脂肪与健康

反式脂肪是一种对健康不利的不饱和脂肪酸，化学式为 $C_{18}H_{34}O_2$。天然脂肪中有少量存在。反式脂肪主要来自经过部分氢化的植物油。

油　　　　　　　　　脂肪（人造奶油）

当链中碳原子以双键连接时，脂肪酸分子是不饱和的。当一个双键形成时，这个链存在两种形式：顺式和反式。顺式键看起来像 U 型，反式键看起来像线型。顺式键形成的不饱和脂肪酸室温下是液态的，如植物油；反式键形成的不饱和脂肪酸室温下是固态的。

食用反式脂肪会增加"坏胆固醇"含量，导致心血管疾病，如心脏动脉硬化等。研究显示如果每天摄入反式脂肪 5 g，心脏病的概率会增加 25%。含有反式脂肪较多的食物有植物性奶油、马铃薯片、沙拉酱、饼干、蛋糕、面包、曲奇饼、雪糕、薯条等，西式快餐如炸薯条、炸鸡腿中更多。

两种脂肪酸结构式与示意图

	顺式脂肪酸	反式脂肪酸
结构式	$\begin{matrix} H \quad H \\ | \quad | \\ C = C \\ \diagup \quad \diagdown \end{matrix}$	$\begin{matrix} H \\ | \\ C = C \\ \diagup \quad | \\ \quad H \end{matrix}$
结构示意图		

　　肥胖是人体内脂肪过度蓄积导致的状态，主要与不良的饮食习惯和生活习惯有关，平时经常吃一些高热量油炸类食物和甜食，又缺乏运动，就可能会出现肥胖的现象。同时遗传因素也是导致肥胖的原因之一。肥胖可以引起气急、关节痛、肌肉酸痛、体力活动受限以及焦虑、忧郁等。肥胖是动脉粥样硬化的主要原因，肥胖人群发生心脑血管疾病及糖尿病的风险较非肥胖者明显增大。肥胖症还可伴随或并发睡眠阻塞性呼吸暂停、胆囊疾病、高尿酸血症和痛风、骨关节病、静脉血栓、生育功能受损以及某些癌症发病率增高等，严重影响人们的正常生活和工作。

【生活小窍门】

　　食用油到底选哪种最好？能长期只吃一种吗？

　　不同植物油中脂肪酸的构成不同，各具营养特点。因此建议不同种类的油轮换食用，1~2个月换一次，比如这个月吃葵花籽油，下个月就用山茶油等。建议把动物油当作一种调味品，而不是做菜的常用油，偶尔吃一些是可以的。

高血脂、糖尿病、高血压等慢性病人建议减少动物性脂肪的摄入量。烹饪菜品时一部分油脂会留在汤里，所以日常需减少或限制油摄入的人群建议少喝菜汤且少食用菜汤泡饭。

【考一考】

　　1. 家里经常使用哪些油脂？了解不同品种油脂的成分，仔细看一下包装说明上还有哪些内容？

　　2. 植物油和动物油相比较，哪种油的不饱和度高？在选择油脂时应如何考虑油脂种类和人体健康的关系？

生命的基础——蛋白质

　　蛋白质是生命的基础，没有蛋白质就没有生命。肌肉、血清、血红蛋白、毛发、蹄、角、蚕丝、蛋白激素、酶等都是由不同的蛋白质组成的，一切重要的生命现象和生理机能都与蛋白质密切相关。

【想一想】

　　蛋白质有哪些主要功能和作用？

　　调节功能：如胰岛素调节糖的代谢。催化功能：如淀粉酶、胃蛋白酶的催化作用。运输功能：如血红蛋白输送氧。传递功能：如叶绿体传递能量（光合作用）。运动功能：如肌肉的运动。免疫功能：如免疫球蛋白。保护功能：如指甲、头发、蹄角等。致病功能：如病毒蛋白。毒害功能：

部分富含蛋白质的食物

如毒蛋白。蛋白质主要来源于动物肌肉、皮肤、毛发、蹄、角、奶制品以及蛋清等，许多植物的种子（如大豆、花生）里也含有丰富的蛋白质。

【化学小知识】

蛋白质所含的元素有碳（C）、氢（H）、氧（O）、氮（N）及少量的硫（S），有的还含微量的磷（P）、铁（Fe）、锌（Zn）、钼（Mo）等元素。蛋白质的相对分子质量很大，通常从几万到几十万，属于天然有机高分子化合物。蛋白质在酶或酸、碱的作用下能发生水解，最终生成氨基酸。氨基酸是蛋白质

$$H$$
$$|$$
$$R—C—COOH$$
$$|$$
$$NH_2$$

氨基酸结构

的基本结构单元，种类很多，组成蛋白质时种类、数量不同，排列次序差异很大，所以构成的蛋白质结构也很复杂。由两分子氨基酸消去水分子而形成的含有一个肽键的化合物是二肽。由多分子氨基酸消去水分子而形成的含有多个肽键的化合物是多肽。多肽常呈链状，因此也称肽链。多肽与蛋白质之间没有严格的界限，一般把相对分子质量小于 10 000 的叫多肽。一个蛋白质分子可以含有一条或多条肽链，肽链能盘曲、折叠，从而形成具有三维空间结构的蛋白质分子。

人体中共有 20 多种氨基酸，其中有几种是人体自身不能合成的，必须从食物中获得，称为必需氨基酸。

不同食物中含有的蛋白质数量和成分不同，营养价值也不同。富含蛋白质的食物在胃肠道里与水发生反应，生成氨基酸。一部分氨基酸重新组成人体所需要的蛋白质，另一部分氨基酸被氧化，生成尿素、二氧化碳和水等排出体外，同时放

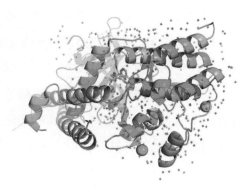

蛋白质三维空间结构示意图

出能量供人体活动需要。合理搭配食物，可以使氨基酸相互补充，提高膳食中蛋白质的吸收和利用率。

【厨房小实验 1】

蛋白质的性质

把一只生鸡蛋敲开倒入碗中，取出 4 份鸡蛋清（每份 1~2 mL）放入 4 个玻璃杯中。第 1 个玻璃杯中加入少量水搅拌，观察变化。第 2 个玻璃杯中加入少量食盐搅拌，观察变化。第 3 个玻璃杯中加入少量食醋搅拌，观察变化。用一支激光笔（或小手电）照射第 4 个玻璃杯中的液体，观察。在小锅中加入一些水，煮开，把碗里剩余的鸡蛋倒入开水中，煮一会儿观察现象。取一些煮熟的白色蛋清（鸡蛋白），放入第 5 个玻璃杯中，加入水搅拌，观察变化。几个杯中的现象相同吗？煮熟的鸡蛋清还能溶解在水里吗？

这几个玻璃杯中的现象各不相同。第 1 个玻璃杯中的鸡蛋清能溶于水形成透明溶液；第 2 个玻璃杯中的鸡蛋清加食盐后有沉淀产生；第 3 个玻璃杯中的鸡蛋清加入食醋后产生白色絮状沉淀并开始凝固；第 4 个玻璃杯中的鸡蛋清用激光笔（或小手电）照射可观察到一条光亮的通路；第 5 个玻璃杯中的鸡蛋清溶液加热煮熟后有白色沉淀生成，煮熟的鸡蛋白不溶于水。

蛋白质在水中的溶解性不同，有的能溶于水，如鸡蛋清；有的难溶于水，如丝、毛等。向蛋白质溶液中加入某些浓的无机盐溶液后，可以使蛋白质凝聚从溶液中析出，这种作用叫作盐析。盐析出来的蛋白质可以重新溶解在水中，而不影响原来蛋白质的性质。采用多次盐析的方法可以分离或提纯蛋白质。蛋白质受热到一定温度或在酸、碱、重金属盐、紫外线、甲醛、酒精等有机物作用下会发生不可逆的凝固（凝固后不能再在水中溶解），这种变化叫作变性。酒精、碘酒杀菌消毒便是利用了蛋白质的变性这一特点。

【想一想】

为什么误食重金属盐类中毒时，可以喝大量的牛奶、蛋清或豆浆来解毒？为什么医院中一般使用酒精、蒸煮、高压和紫外线等方法进行杀菌消毒？

牛奶、蛋清、豆浆中含有丰富的蛋白质，而蛋白质与重金属盐作用时发生变性，能形成不溶于水的化合物，从而在一定程度上减轻重金属盐类对胃肠黏膜的损害，起到降低毒性的作用。而在医院一般使用酒精、蒸煮、高压和紫外线消毒，其原理都是使病毒蛋白质发生变性而杀死细菌达到消毒的目的。

【厨房小实验 2】

自制豆腐

将自制的浓豆浆（或市售的袋装浓豆浆）倒入一个洗净的锅中，加热至快要沸腾时停止，然后边搅拌边向热豆浆中加入盐卤或饱和石膏水，观察现象。我们会发现豆浆中有白色絮状物产生。静置片刻后，就会看到豆浆中有凝固的块状沉淀物析出。将上述有块状沉淀物的豆浆保温静置 20 min 后用洁净的纱布过滤，再将纱布上的沉淀物集中

大豆与豆腐

成一团，叠成长方形，放在洁净的桌面上，用一个盛有冷水的平底小盆压在包有团块的纱布上，大约 30 min 后，即可制成一小块豆腐。

【化学小应用】

结晶牛胰岛素

1965 年，我国科技工作者成功合成了具有生物活性的蛋白质——结晶牛

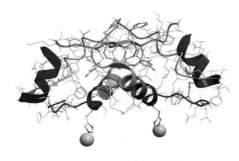

结晶牛胰岛素示意图

胰岛素。牛胰岛素是由 51 个氨基酸、2 条多肽链构成的，存在于牛的胰脏中。这是世界上第一次人工合成与天然胰岛素分子相同化学结构并具有完整生物活性的蛋白质，标志着人类在揭示生命本质的征途上实现了里程碑式的飞跃，在认识生命现象、揭开生命奥秘的伟大历程中做出了重要贡献。

【生活小窍门】

在日常生活中富含蛋白质的食物有哪些？

富含蛋白质的食物有：乳制品，包括牛奶、羊奶、马奶等；畜肉类，如牛肉、羊肉、猪肉等红肉类；禽肉类，如鸡肉、鸭肉、鹅肉等；蛋类，如鸡蛋、鸭蛋、鹌鹑蛋等；海鲜类，如鱼、虾、蟹等；大豆类，如黄豆、青豆、黑豆以及豆制品；干果类，如芝麻、瓜子、核桃、杏仁、花生等；藜麦、螺旋藻也含有丰富的蛋白质。

蛋白质是构成人体的重要物质，能够提供身体所需的营养成分，为身体的代谢提供能量，同时还可以促进身体的发育，对于贫血引起的头晕、头痛、嗜睡以及身体消瘦和四肢疲乏无力的现象有很好的辅助治疗作用。因此每天的饮食要均衡，一定要保证身体有足够的蛋白质摄入。

【考一考】

1. 你知道松花蛋的腌制原理是什么吗？

2. 为什么冬天要在树木的枝干上涂抹石灰浆？

3. 为什么在农业上用波尔多液（由硫酸铜、生石灰和水制成）来消灭病虫害？

维持生命的物质——维生素

几百年前，远洋轮船上没有冷藏设备，船员们只能吃面包、饼干、咸肉等食物，几个月甚至一两年吃不上新鲜蔬菜和水果。航行期间船员们经常病倒，症状是脸色暗黑、牙龈不断渗血、浑身出现青斑，许多船员甚至因此而死亡。探险家哥伦布的船队在航行途中也有船员患上这种病。哥伦布将患病的船员留在了途经的一个荒岛上，他们采摘了红红绿绿的野果调节口味并用以充饥。过了几日，奇迹出现了，这些船员不但没有死去，反而恢复了健康。

【想一想】

你们知道这些船员患了什么病吗？野果为什么能够使他们的身体恢复健康？

现代医学研究表明，这些船员患了坏血病。他们靠吃荒岛上的野果子存活下来，因为这些野果中富含人体不可缺少的维生素 C，治好了他们的坏血病。

维生素是参与生物生长发育和新陈

部分富含维生素 C 的食物

维生素家族成员

代谢所必需的一类小分子有机化合物，在天然食物中含量极少。维生素在体内有特殊的生理功能或作为辅酶催化某些特殊的化学反应。各种维生素的分子结构和化学性质都不相同，人们习惯上按不同的溶解性，把它们分为脂溶性维生素和水溶性维生素两大类。脂溶性维生素难溶于水，易溶于脂肪和有机溶剂，主要包括维生素 A、D、E、K 等。水溶性维生素易溶于水，容易被人体吸收，一般不易在体内积存，所以容易缺乏，包括维生素 B 和维生素 C 等。

　　维生素是个庞大的家族，就目前所知的维生素就有 20 多种，它们大多数在人体内不能合成，需要从食物中摄取。蔬菜、水果、种子食物、动物肝脏、蛋类、奶类、鱼类、鱼肝油等是人体获取维生素的主要来源。维生素不能为人体提供能量，也不是人体中主要组织的成分，但它们具有调节新陈代谢、预防疾病、维持身体健康的重要作用。人体对维生素的需要量虽然极少（大多数维生素成人每日的需要量只有几毫克或几微克），但不能缺乏。缺乏维生素可导致人体营养不良，罹患相应的疾病。

【厨房小实验】

　　测试西红柿中维生素 C 含量的多与少

　　把新鲜西红柿和放置一周的西红柿分别捣碎，用纱布将汁液挤入两只塑料杯中。在另外两只塑料杯中加入少量蓝色的加了碘酒的淀粉溶液，分别向其中逐滴滴加上面的两种西红柿汁液，边滴边搅拌，观察现象。

　　我们能发现随着西红柿汁液的滴加，淀粉溶液的蓝色消失。在蓝色消失时，新鲜西红柿汁液的滴加量比放置一周的西红柿汁液用得少。由此可见，新鲜西红柿中维生素 C 的含量比放置一周的西红柿多，所以我们平时应该多吃新鲜的蔬菜和水果。

【化学小知识】

维生素 C 又称抗坏血酸，分子式为 $C_6H_8O_6$，其为无色晶体，易溶于水，溶液显酸性，并有可口的酸味，广泛存在于新鲜水果和绿色蔬菜中。维生素 C 的重要功能是参与体内的氧

维生素 C 结构

化还原反应，维持细胞间质的正常结构；促进伤口愈合，维持牙齿、骨骼、血管和肌肉的正常功能；用于治疗坏血病及皮肤病、口疮、感冒等；促进无机盐和某些氨基酸的吸收；增强对传染病的抵抗力；作食物的抗氧化剂。青少年每天约需补充 60 mg 维生素 C。

维生素 A 又叫视黄醇，分子式为 $C_{20}H_{30}O$，脂溶性维生素是促进生长与健康的必需因子，也是维持正常视力的重要营养素，有助于体内细胞组织健康生长，增强对传染病的抵抗力，能促进牙齿及骨骼正常生长。此外，还有预防脑炎、鼻窦炎、肺炎、灰发、白头、皮肤干燥等作用。

维生素 A 结构

维生素 D 又称为阳光维生素，为脂溶性维生素。具有维生素 D 效果的化合物有十几种，其中重要的是维生素 D_2 和维生素 D_3 两种。维生素 D_3 的分子式为 $C_{27}H_{44}O$。维生素 D 的主要功能是调节钙和磷的代谢，对骨质疏松、佝

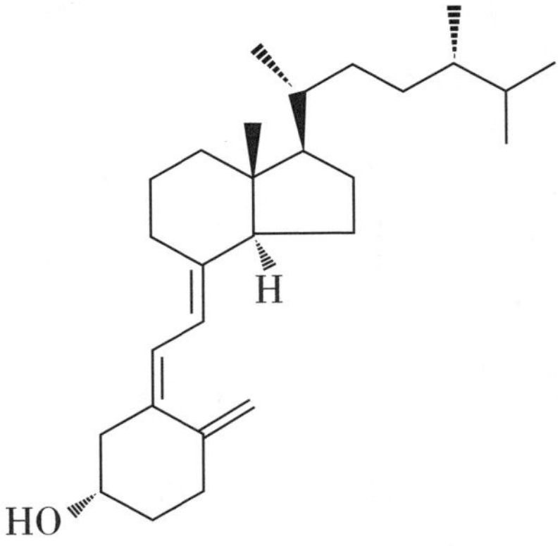

维生素 D₃ 结构

佝病起到预防和治疗作用。含丰富维生素 D 的食物有牛奶、鸡蛋、牛油、鱼等。

维生素 E 的分子式为 $C_{29}H_{50}O_2$，是脂溶性维生素，有较强的还原性，在人体新陈代谢过程中有抗氧化、防止衰老的作用，可预防癌症及心血管病。它还具有淡化伤口疤痕、降低血压等作用。维生素 E 主要存在于植物油、全麦谷类、胚芽、蛋黄、深色绿叶蔬菜及坚果类食物中。

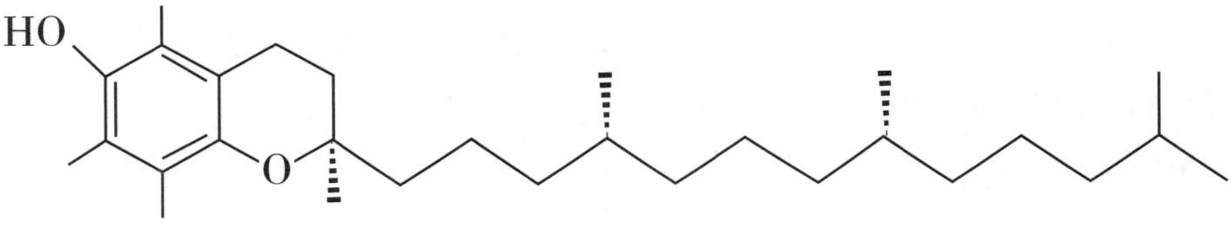

维生素 E 的结构

维生素 K 又叫凝血维生素，分子式为 $C_{31}H_{46}O_2$，可溶于脂肪，具有凝结血液的功能，身体受伤时可防止出血过多。吸取充足维生素 K 可有效预防骨质疏松症。维生素 K 能将葡萄糖转化为肝糖并储存在肝脏中。维生素 K 主要存在于深绿色蔬菜、椰菜、大豆、蛋黄、肝、燕麦、小麦等食物中。

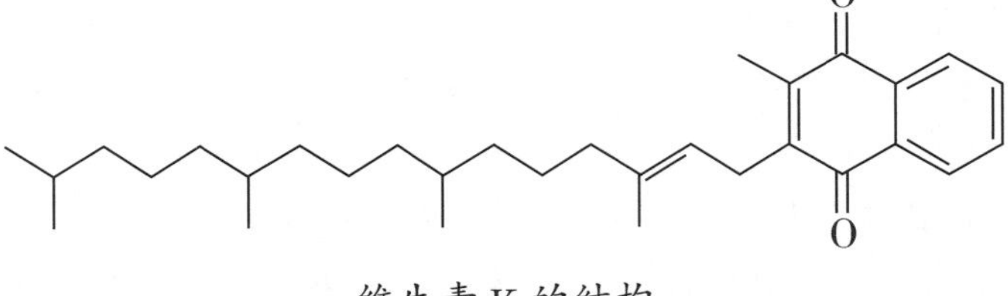

维生素 K 的结构

维生素 B_9 又名叶酸，分子式为 $C_{19}H_{19}N_7O_6$，微溶于水，易溶于乙醇。能促进正常红血球细胞的形成，有助于皮肤健康，维护神经系统、肠脏、性器

维生素 B_9 的结构

官及白血球细胞的正常发育，并可防止口腔黏膜溃疡。含丰富维生素 B_9 的食物有鱼类、豆类、麦胚、深绿色蔬菜、水果等。

缺乏维生素会导致严重的健康问题。适量摄取维生素可以保持身体强壮健康，过量摄取维生素却会导致中毒。生活中要养成科学的饮食习惯，保持膳食平衡，食物中的维生素就足够维持身体的需要。如果要补充维生素，必须在医生指导下服用。

【厨房小实验】

维生素 C 可作食物的抗氧化剂

取一个苹果，咬开后置于空气中一段时间，观察去皮后苹果表面的颜色变化。另取一个玻璃杯放入一粒维生素 C，加入半杯水待维生素 C 溶解后，将在空气中放置一段时间后的苹果放入其中，观察苹果表面颜色的变化，能

苹果果肉氧化过程

否解释其原因?

去皮后的苹果,置于空气中一段时间后,果肉的颜色就会逐渐变黄,直至变成深褐色。苹果里含有一种氧化酶,当苹果削去表皮后,果肉中的酚类化合物接触空气便被氧化、变色。维生素 C 有抗氧化和还原功能,将已经变色的苹果放进溶有维生素 C 的水中,褐变的部分会慢慢消失。

【化学小应用】

人体所需的 B 族维生素缺乏症状及食物来源

维生素	常见缺乏症状	常见过量症状	食物来源
维生素 B_1	脚气病、情绪低落、肠胃不适、手脚麻木等	口服通常耐受性良好,静脉注射可能会出现不良反应	糙米、牛奶、家禽、豆类等
维生素 B_2	嘴角开裂、溃疡,口腔内黏膜发炎等	瘙痒、麻痹、流鼻血等	动物肝脏、瘦肉、酵母、大豆、绿叶蔬菜等
维生素 B_3	糙皮病	肝损伤	肉、鱼、蛋、各种蔬菜、蘑菇、坚果
维生素 B_5	口疮、记忆力衰退、失眠等	血管扩张、皮肤发红、发痒	糙米、肝、蛋、肉
维生素 B_6	贫血、抽筋、头痛等	嗜睡,周围神经病变	肉、蔬菜、坚果、香蕉
维生素 B_7	皮炎、肠炎等	—	生蛋黄、肝脏、花生、绿叶蔬菜
维生素 B_9（叶酸）	舌头红肿、贫血、消化不良、疲劳、头发变白等	缺锌、神经受损、失眠等	深绿色蔬菜、意大利面、面包、麦片、肝脏
维生素 B_{12}	疲倦、精神抑郁、记忆力衰退、恶性贫血等	哮喘、荨麻疹、湿疹等	家禽、鱼、蛋、奶

【生活小窍门】

食品的储存和加工中如何减少维生素的损失

1. 烹调蔬菜时适当加点醋，可以减少维生素 C 的损失。这是因为维生素 C 在碱性环境中容易被破坏，而在酸性环境中则比较稳定。此外，勾芡也是保护维生素 C 的好办法。淀粉含谷胱甘肽，可减少维生素流失。

2. 蔬菜含有丰富的水溶性 B 族维生素、维生素 C。有些蔬菜如番茄、黄瓜等，在确保卫生的情况下，最好生吃，以减少维生素的损失。把嫩黄瓜切成薄片凉拌，放置 2 h，维生素损失 33%~35%；放置 3 h，损失 41%~49%。所以，黄瓜等娇嫩的蔬果，加工时最好不要切得太细。

3. 新鲜蔬菜存放时间不宜太长，存放的时间越长，维生素的损失就越多。如菠菜在 20 ℃时放置一天，维生素 C 损失达 84%。蔬菜宜保存在避光、通风、干燥的地方。

4. 在做菜时要先洗后切，不可把菜浸泡过久，以减少维生素的流失。炒绿色蔬菜时若加水过多，大量的维生素溶于水里，如吃菜弃汤，维生素也会随之丢失。

5. 米、面中的水溶性维生素很容易发生流失。做米饭淘米时，随淘米次数、浸泡时间的增加，营养素的损失就会增加。做泡饭时，大量维生素、矿物质溶于米汤中，如丢弃米汤不吃，就会造成损失。熬粥、蒸馒头加碱，会使维生素 B_1 和维生素 C 受破坏。炸油条，因加碱和高温油炸，维生素 B_2 损失约 50%，维生素 B_1 则几乎损失殆尽。因此，为保护营养素少受损失，制作米、面食品时，以蒸、烙为好，不宜用水煮和油炸。

6. 烹调肉类食品，常用红烧、清炖、蒸、炸、快炒等方法。红烧、清炖维生素 B_1 损失最多，达 60%~65%；蒸和油炸损失 45%；快炒亦损失 13%。肉类中所含的维生素 B_2，清蒸损失 87%；红烧、清炖损失 40%；快炒仅损失 20%。

【考一考】

1. 引起人体内维生素缺乏的原因可能有哪些?

2. 常见的脂溶性维生素有哪几种? 各有哪些生理功能?

人体不可或缺的元素—— 微量元素

　　地球上的生命起源于海洋。构成生命体的所有元素在自然界中都可以找到，并且与地球表层元素的含量大致相当。

【想一想】

　　什么是生命体的常量元素和微量元素？

　　人和动物体内的生命元素可分为常量元素和微量元素。常量元素是指含量在 0.01% 以上的元素，人体中常量元素有 11 种，分别是氧（O）、碳（C）、氢（H）、氮（N）、钙（Ca）、磷（P）、钾（K）、硫（S）、钠（Na）、氯（Cl）、镁（Mg），它们约占人体质量的 99.95%。其中含量较多的 4 种元素是氧、碳、氢、氮，主要存在于糖类、蛋白质、油脂、维生素和水等营养物质中，其余一些金属和非金属元素统称为矿物质，在生物体内约占 4%~5%。

常量元素情况一览表

序号	元素	符号	含量 （g/70 kg）	占体重 比例(%)	在人体组织中的分布状况
1	氧	O	45 000	64.3	水、有机化合物的组成成分
2	碳	C	12 600	18	有机化合物的组成成分
3	氢	H	7 000	10	水、有机化合物的组成成分
4	氮	N	2 100	3.00	有机化合物的组成成分
5	钙	Ca	1 420	2.00	骨骼、牙齿、肌肉、体液
6	磷	P	700	1.00	骨骼、牙齿、磷脂、磷蛋白
7	钾	K	245	0.35	细胞内液
8	硫	S	175	0.25	含硫氨基酸、头发、指甲、皮肤
9	钠	Na	105	0.15	细胞外液、骨骼
10	氯	Cl	105	0.15	脑脊液、胃肠道、细胞外液、骨骼
11	镁	Mg	35	0.05	骨骼、牙齿、细胞内液、软组织

微量元素是指含量在 0.01% 以下的元素, 已被确认的有铁（Fe）、铜（Cu）、锌（Zn）、钴（Co）、钼（Mo）、锰（Mn）、钒（V）、锡（Sn）、硅（Si）、硒（Se）、碘（I）、氟（F）、镍（Ni）、砷（As）、硼（B）、铬（Cr）共16 种。每种微量元素都有其特殊的生理功能。尽管这些微量元素在人体中的含量很少, 其质量不到体重的万分之一, 但它们对于维持生命活动、促进人体健康生长和发育却有极其重要的作用。不少微量元素也是人体必需的。必需元素摄入不足或摄入过量均不利于人体健康, 都可能导致人体患各种代谢疾病, 对正在长身体的青少年更是如此。

人体必需微量元素情况一览表

序号	元素	符号	含量 （mg/70 kg）	血浆浓度 （μmol/L）	主要部位	确证历史
1	铁	Fe	2 800～3 500	10.75～30.45	红细胞、肝、骨髓	17 世纪
2	氟	F	3 000	0.63～0.79	骨骼、牙齿	1971 年
3	锌	Zn	2 700	12.24～21. 42	肌肉、骨骼、皮肤	1934 年
4	铜	Cu	90	11.02～23.60	肌肉、结缔组织	1928 年
5	钒	V	25	0.20	脂肪组织	1971 年
6	锡	Sn	20	0.28	脂肪、皮肤	1970 年
7	硒	Se	15	1.39～1.90	肌肉（心肌）	1957 年
8	锰	Mn	12～20	0.15～0.55	骨骼、肌肉	1931 年
9	碘	I	12～24	0.32～0.63	甲状腺	1850 年
10	镍	Ni	6～10	0.07	肾、皮肤	1974 年
11	钼	Mo	11	0.04～0.31	肝	1953 年
12	铬	Cr	2～7	0.17～1.06	肺、肾、胰	1959 年
13	钴	Co	1.3～1.8	0.003	骨髓	1935 年
14	溴	Br	<12	—	—	—
15	砷	As	<117	—	头发、皮肤	1975 年
16	硅	Si	18 000	15.31	淋巴结、指甲	1972 年
17	硼	B	<12	3.60～33.76	脑、肝、肾	1982 年
18	锶	Sr	320	0.44	骨骼、牙齿	—

如果人体所需的元素从食物和饮水中摄取还不足，可通过食品添加剂和保健药剂予以补充。如在食品中添加含钙、铁、锌、硒、锗的化合物，或制成补钙、补锌等的保健药剂，或制成加碘食盐、铁强化酱油，来增加对这些元素的摄入量，以保证人体健康。

【厨房小实验】

华素片（西地碘含片）的主要活性成分是碘分子（I_2），含量为 1.5 mg/ 片，它是将碘利用分子分散技术制成分子态西地碘，并加入适量薄荷脑等得到的。为口腔科及耳鼻咽喉科用药类非处方药药品，用于治疗慢性咽喉炎、口腔溃

商品华素片

痒、慢性牙龈炎、牙周炎。华素片（西地碘含片）具有强有力的消毒防腐作用。如何检验华素片中碘分子的存在？

　　一种检验方法是取一粒药片研碎放入一次性塑料杯中，加入少量（5~10 mL）纯净水溶解，再加入约 2 mL 食用油（最好是无色的），并用力振荡，如果观察到油层呈现紫红色的现象，表示含有碘，否则无。另一种方法是利用单质碘和淀粉反应变蓝色的特性来进行检验，取一粒药片研碎放入一次性塑料杯中，加入少量（5~10 mL）纯净水溶解，再向杯中加入几滴淀粉溶液（家用淀粉溶于水后取上层清液），并用力振荡，如果塑料杯中液体变蓝色，表示含有碘，否则无。

【化学小知识】

　　碘（I）是人体必需的微量元素之一，有"智力元素"之称。碘在人体内的含量仅为 30 mg，其中一半左右集中在甲状腺内。碘是合成必需的甲状腺激素（$C_{15}H_{11}O_4I_4N$）的重要原料，甲状腺激素影响着机体的生长、发育和代谢。碘缺乏为目前导致人类智力发育落后的最主要原因。现已证实，人脑发育大部分是在胚胎期和婴幼儿期完成的。在智力发育全过程中，如果碘摄入不足，

甲状腺激素结构

就会产生一系列障碍，即使轻微缺碘，也会引起智力的轻度落后并持续终生。而严重的缺碘会对儿童的体格发育造成障碍，即身材矮小、性发育迟缓、智商低下，并可造成先天畸形、聋、哑、痴呆等。更为常见的为地方性甲状腺肿（即大脖子病）和地方性克汀病。这些损害统称为碘缺乏病。

加碘盐

在食物中，海带、海鱼等海产品中含碘较多。为了预防缺碘性甲状腺肿，除吃含碘多的海产品外，远离海洋的地区居民可用加碘酸钾（KIO_3）的食盐代替一般食盐，使缺碘情况得到改善。碘是人体必需的微量元素，但也不能过量，多了有害。

铁在人体中的含量约为 4~5 g，是人体必需的微量元素中含量最多的一种。人体内的含铁化合物主要分为两类，即功能性铁和储存铁。功能性铁是红细胞中血红蛋白的组成成分，与氧的运输有关，其余的铁与各种酶结合，分布于身体各器官中。体内缺铁将会导致人的记忆能力、免疫能力和对温度的适应能力等生理功能下降。

血红蛋白中血红素的结构

如果体内的铁不足以供给生命活动需要，就会发生贫血。人体每天有 20~25 mL 红细胞因老化而损坏，由此释放 20~25 mg 的铁，其中有 19~24 mg 的铁循环使用（再次合成血红蛋白），约有 1 mg 排出体外。为了满足生理需要，每天应补充铁 20~25 mg。对于女性由于生理原因失血较多，应注意补铁；对于儿童，成长发育较快，应注意补铁；如果由于内、外伤失血较多，更应注意补铁。补铁应以食物为主，动物内脏、全血、肉类、鱼类、蛋类及海洋食品、黑色食品含铁较多。铁虽然是人体必需的元素，但也不是越多越好，一次服用大量的补铁剂，会发生急性中毒，出现呕吐、腹泻，对胃黏膜损伤很大；长期服用补铁剂，过量的铁会逐渐在人体内积累，发生含铁血黄素沉着症，沉积的铁质会使各组织器官发生病变，使其功能受损。

中国有句名言：药补不如食补。人体有自我调节能力，只要养成科学的饮食习惯，不偏食，不挑食，全面摄取多种营养，保持膳食平衡，食物中的微量元素就足够了。因此不提倡自己任意增补各种营养品，即使有需要，也应在医生指导下服用。

【生活小窍门】

下列信号告诉你身体里缺什么元素

1. 生长发育迟缓、骨骼畸形、牙齿发育不良，意味着缺钙。钙是儿童膳食中最容易缺乏的营养素之一，应该多吃奶制品、鸡蛋、豆制品、海带、紫菜、虾鱼、芝麻、山楂、蔬菜等。

2. 情绪易波动、淡漠，对周围事物缺乏兴趣，意味着缺铁。应该多吃肝脏、血、瘦肉、豆类、绿叶蔬菜、红糖、禽蛋类食物。

3. 指甲上有白点，意味着可能缺锌。应该多吃鱼、肉、葵花籽、南瓜子、松仁、坚果、牡蛎等。

4. 脚踝浮肿，可能是因为身体缺乏钾了，钾是调节体内血液和体液的酸碱平衡、维持体内水分平衡与渗透压稳定的重要元素。应该多吃蔬菜水果来补充足够的钾。

5. 便秘和腹泻交替，可能是缺镁。镁是身体非常重要的矿物质。应该多吃荞麦、坚果、大豆、深绿色蔬菜等含镁的食品。

6.如果身体出现频繁感染、经常生病，意味着缺硒。硒具有抗氧化、调节免疫、抗肿瘤的作用。硒缺乏症又叫克山病。应该多吃青鱼、沙丁鱼、肝肾脏、肉类、蛋类、芝麻、麦芽、大蒜等。

【考一考】

儿童铅中毒会损害造血系统引起严重贫血；损害肝脏和肾脏功能；损害消化系统，导致严重腹绞痛、便秘、恶心和呕吐；损害神经系统，严重影响智力，导致头晕、头疼。这与儿童吸吮手指，啃咬指甲、铅笔、玩具、钥匙、金属拉链和其他异物的不良习惯有关。如何才能预防儿童铅中毒？

人体内的酸碱平衡——
食物的酸碱性

在人体中，不断有来自食物及物质代谢产生的酸性或碱性物质进入体液。人体通过多种调节方式将多余的酸性或碱性物质排出体外，使体液的 pH 在一定范围内保持恒定。所以食物也是有酸碱性的。

【想一想】

什么是食物的酸碱性？

在我们的日常生活中，有哪些食物是酸性的？有哪些食物是碱性的呢？

化学上规定常温下 pH<7 的溶液是酸性的，pH>7 的溶液是碱性的。食物的酸碱性与化学上所指的酸碱性是不同的概念，与食物本身的 pH 无关（味道发酸的食品不一定是酸性食品）。食物的酸碱性是指食物的成酸性或成碱性，

部分酸性、碱性食物

是按食物在体内代谢最终产物的性质来分类的，有重要的生理意义。

有些食物含非金属元素较多，如氯（Cl）、硫（S）、磷（P）等，在人体内分解代谢后，可形成酸根阴离子（如 Cl^-、SO_4^{2-}、PO_4^{3-} 等），这类食物在生理上称为成酸性食物，习惯上称为酸性食物。通常富含蛋白质、脂肪和糖类的食物多为酸性食物，如肉类、蛋类、鱼贝类、谷类、奶制品、酒类、甜食类等。

人体内的一些液体和排泄物的正常 pH 范围

血浆	7.35~7.45
唾液	6.6~7.1
胃液	0.9~1.5
乳汁	6.6~7.6
胆汁	7.1~7.3
胰液	7.5~8.0
尿液	4.7~8.4

而有些食物含金属元素较多，如钾（K）、钠（Na）、钙（Ca）、镁（Mg）等，在人体内代谢后可形成金属阳离子，这类食物在生理上称为成碱性食物，习惯上称为碱性食物。常见的碱性食物有蔬菜、水果、薯类、豆类及其制品，如杏仁、椰子、海带、柠檬、洋葱、豆腐等。

橘子和柠檬的味道是酸酸的，它们是酸性食物还是碱性食物呢？

【化学小知识】

橘子

橘子和柠檬都是碱性食物，它们都含有非常丰富的维生素、葡萄糖、柠檬酸、钾、锌等。橘子和柠檬本身都含丰富的柠檬酸，柠檬酸是一种重要的有机酸，又名枸橼酸，分子式为 $C_6H_8O_7$，其为无色晶体，有很强的酸性，易溶于水。橘子和柠檬中含有的柠檬酸等有机酸被氧化后生成 CO_2 和 H_2O 排出体外，其他营养物质在人体内代谢后，钾、锌、钙、镁、钠等多种金属

$$CH_2 — COOH$$
$$|$$
$$HO — C — COOH$$
$$|$$
$$CH_2 — COOH$$

柠檬酸结构

阳离子含量增加，从而使体内碱性物质增多，所以橘子和柠檬都是碱性食物。

人体的体液呈弱碱性，血液总是能够将 pH 稳定在 7.35~7.45 这样的范围以内，靠的是缓冲溶液。通过各种缓冲溶液，人体将体液调节到相对稳定的状态。当摄入食物引起极微小的 pH 改变时，缓冲溶液很快使其恢复至正常范围内，而且只有在这样的环境中机体才能正常工作。以下是人体细胞内存在的一些重要的酸碱平衡反应：

$$CO_2 + H_2O \rightleftharpoons H_2CO_3 \xrightleftharpoons[H^+]{OH^-} HCO_3^- \qquad H_2PO_4^- \xrightleftharpoons[H^+]{OH^-} HPO_4^{2-}$$

这些平衡需要通过选择不同的食物来保持。

正常人血液的 pH 为 7.35~7.45，否则就会发生"酸中毒"或"碱中毒"。如果过多食用酸性食品，以至不能中和而导致体液呈酸性，消耗钙、钾、镁、钠等碱性元素，会导致血液色泽加深、黏度、血压升高，从而导致"酸中毒"，年幼者会诱发皮肤病、神经衰弱、胃酸过多、便秘、蛀牙等，中老年者易患高血压、动脉硬化、脑出血、胃溃疡等症。酸中毒症是由于过多食用酸性食品引起的，所以不能偏食，应多吃蔬菜和水果，保持体内酸碱的平衡。多吃碱性食物可保持血液呈弱碱性，使得血液中乳酸、尿素等酸性物质减少，并能防止其在血管壁上沉积，因而有软化血管的作用，故有人称碱性食物为"血液和血管的清洁剂"。人体体液的酸碱度与智商水平也有密切关系。科学家测试了数十名 6 至 13 岁的男孩，结果表明，在体液酸碱度允许的范围内，酸性偏高者智商较低，碱性偏高者则智商较高。

【想一想】

如何保持人体内的酸碱平衡？

正常人血液的 pH 为 7.35~7.45，但这部分人只占总人群的 10% 左右，更多的人的血液的 pH 在 7.35 以下，身体处于健康和疾病之间的亚健康状态，这样的人常会感到身体疲乏、记忆力衰退、注意力不集中、腰酸腿痛，到医院检查又查不出什么毛病，如不注意改善，就会继续发展

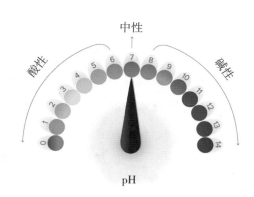

成疾病。血液的 pH 在 7.35 以下的人群可以通过调节心情、调节饮食来改善。可适当食用碱性的食物，比如粗粮、海带、洋葱、菠菜、番茄、苹果、豆制品、干果等，少食用高热量高糖的食物，如蛋糕、糖果、肉类、油炸食品，不要熬夜，多进行户外运动，养成乐观的心态，增强抵抗力。

【厨房小实验】

多彩的紫甘蓝汁

紫甘蓝，俗称紫包菜、红包菜，是十字花科、芸薹属甘蓝种中的一个变种。紫甘蓝的营养丰富，尤以富含维生素 C、维生素 E 和维生素 B，以及丰富的花青素、黄酮、总多酚和膳食纤维等抗氧化性成分，备受人们的喜爱。

将紫甘蓝切碎，取一半放在一个小塑料盆里，用水浸泡约半小时，盆里的水就会变成紫色（也可将紫甘蓝切碎捣烂，再放入塑料盆中加水浸泡，用纱布将浸泡出来的液汁过滤）。取多个相同的一次性塑料杯，倒入等量的紫甘蓝汁，分别加入白醋、柠檬汁、洁厕灵、肥皂水、苏打水、食盐水、糖水等，观察溶液颜色的变化，并解释原因。

紫甘蓝

　　紫甘蓝在水中呈紫色，加入了白醋、柠檬汁、洁厕灵后溶液呈红色，加入肥皂水、苏打水后溶液呈蓝绿色，加入食盐水、糖水后溶液颜色没什么变化。白醋、柠檬汁、洁厕灵中都含有酸性物质；而肥皂水、苏打水中都含有碱性物质；食盐水、糖水中的物质则是中性的。紫甘蓝中的花青素遇酸性物质呈红色，遇碱性物质呈蓝绿色，在中性溶液中不变色。另一半的紫甘蓝则分两次炒，一次加白醋，一次加苏打水，结果加苏打水的那份紫甘蓝也变成了蓝绿色。

【 化学小应用 】

　　酸碱指示剂的由来

　　化学实验中常用的酸碱指示剂是英国科学家波义耳细心观察而发现的。波义耳在一次实验中，不慎将浓盐酸溅到一束紫罗兰花的花瓣上，喜爱花的他马上进行冲洗，过了一会儿却发现深紫色的紫罗兰花瓣变成了红色。惊奇的他没有放

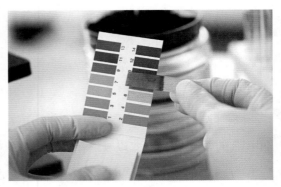

石蕊试纸

过这一偶然的发现，而是进行了进一步的实验和思考。结果发现，许多种植物花瓣的浸出液遇到酸性溶液或碱性溶液都会变色，他从地衣类植物中提取出了变色效果最好的色素——石蕊，化学式为 $(C_7H_7O_4N)_n$，它遇酸变成红色，遇碱变成蓝色。这就是最早使用的酸碱指示剂。利用这一特点，波义耳制成了实验中常用的酸碱试纸——石蕊试纸。

【生活小窍门】

日常食物的酸碱性

一、碱性食物（富含钾、钠、钙、镁元素的食物）

1.弱碱性食物：红豆、萝卜、苹果、甘蓝菜、洋葱、豆腐。

2.中碱性食物：橘子、香蕉、草莓、番瓜、柠檬、大豆、萝卜干、红萝卜、番茄、蛋白、梅干、菠菜。

3.强碱性食物：葡萄、葡萄酒、葡萄干、葡萄柚、海带、西瓜、生梨、李子、鲜椰子、桃、板栗、山楂、生杏、杏干、酸橙、干枣、鲜樱桃、干无花果、橄榄、芒果、菠萝、果酱、冰激凌、牛奶、酸奶、胡萝卜、马铃薯、红薯、南瓜、黄瓜、藕、甜瓜、莴苣、豌豆、胡椒、蘑菇、茄子、芦笋、青豆、甜菜、卷心菜、花菜、芹菜、水芹、西葫芦、绿茶。

二、酸性食物（富含磷、氯、硫元素的食物）

1.弱酸性食物：白米、花生、啤酒、油炸豆腐、海苔、文蛤、章鱼、泥鳅、嫩玉米、小扁豆、核桃。

2.中酸性食物：火腿、培根、鸡肉、猪肉、牛肉、马肉、鳗鱼、面包、小麦、奶油。

3.强酸性食物：蛋黄、乳酪、白糖、柿子、柴鱼以及可乐、雪碧等碳酸饮料。

【考一考】

尿酸的分子式为$C_5H_4N_4O_3$，其微溶于水，易形成晶体。正常人体尿液中含少量尿酸。尿酸是嘌呤代谢的最终产物。高尿酸血症可引起痛风性关节炎，关节急性红、肿、热、痛，且疼痛非常剧烈。

想一想：日常生活中如何通过控制饮食来有效降低尿酸？

食品安全——
绿色食品和有机食品

【厨房小实验】

　　仔细查找一下厨房里各种食品的包装袋，看一下包装袋上是否有无公害农产品、绿色食品、有机食品的标志？想一想，如果都是相同食材，你会购买具有哪一种标志的食品？

　　中国绿色农业主要包括无公害农产品生产、绿色食品生产和有机食品生产三个方面。三者都有各自的生产标准。相对于无标准化要求的一般农产品而言，无公害农产品生产、绿色食品生产、有机食品生产的生产成本与环境技术要求逐次提高。

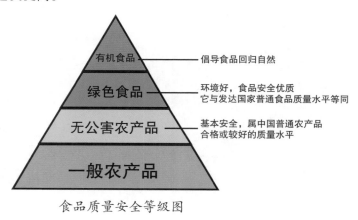

食品质量安全等级图

不同类型农产品对环境、质量要求

生产类型	一般农产品生产	无公害农产品生产	绿色食品生产	有机食品生产
环境要求	无标准	较少污染＋标准化	微量污染＋净化功能	净化生态环境
质量要求	无标准	较优质农产品	优质农产品	特优质农产品

　　无公害农产品，指的是无污染、无毒害、安全优质的农产品，在国外称无污染食品、生态食品、自然食品。生产过程中允许限量使用限定的农药、化肥和合成激素。无公害农产品标准由农业农村部制定，是无公害农产品认证的主要依据。无公害农产品标志图案主要由麦穗、对勾和"无公害农产品"字样组成，麦穗代表农产品，对勾表示合格，金色寓意成熟和丰收，绿色象征环保和安全。

无公害农产品标志

　　绿色食品是我国对无污染、安全、优质食品的总称，是指产自优良生态环境，按照绿色食品标准生产，实行全程质量控制并获得绿色食品标志使用权的安全、优质食用农产品及相关产品。为了和一般的普通食品区别开，绿色食品有统一的标志。标志图形由三部分构成：上方的太阳、下方的叶片和中间的蓓蕾，象征自然生态。标志图形为正圆形，意为保护、安全。颜色为绿色，象征着生命、农业、环保。绿色食品标准规定了食品的外观品质、营养品质和卫生品质等内容，但其卫生品质要求高于国家现行标准，主要表现在对农药残留和重金属的检测项目种类多、指标严。绿色食品安全卫生标准主

绿色食品标志

要包括 DDT、六六六、敌敌畏、乐果、对硫磷、马拉硫磷、杀螟硫磷、倍硫磷等有机农药，砷、汞、铅、镉、铬、铜、锡、锰等有害元素，添加剂以及细菌三项指标，有些还增设了黄曲霉毒素、硝酸盐、亚硝酸盐、溶剂残留、兽药残留等检测项目。绿色食品加工的主要原料必须是来自绿色食品产地的、按绿色食品生产技术操作规程生产出来的产品。绿色食品产品标准反映了绿色食品生产、管理和质量控制的先进水平，突出了绿色食品产品无污染、安全的卫生品质。

有机食品也叫生态或生物食品等。有机食品的主要特点是来自生态良好的有机农业生产体系。有机食品的生产和加工不使用化学农药、化肥、化学防腐剂等合成物质，也不用基因工程生物及其产物，因此，有机食品是一类真正来自自然、富营养、高品质和安全环保的生态食品。有机食品通常来自有机农业生产体系，是根据国际有机农业生产要求和相应的标准生产加工的、通过独立的有机食品认证机构认证的一切农副产品，包括粮食、蔬菜、水果、奶制品、禽畜产品、水产品、调料等。除有机食品外，国际上还把一些派生的产品如有机化妆品、纺织品、林产品或有机食品生产所需的生产资料，包括生物农药、有机肥料等，经认证后统称为有机产品。有机食品标志采用国际通行的圆形构图，用人手和叶片为创意元素，寓意人类的生存离不开大自然的呵护，人与自然需要和谐美好的生存关系。整个图案采用绿色，象征着有机产品是真正无污染、符合健康要求的产品以及有机农业给人类带来了优美、清洁的生态环境。从物质的化学成分来分析，食品中多数都是由含碳化合物组成的有机物质，都是有机的食品，因此，从化学成分的角度，把食品称作"有机食品"的说法是没有意义的。所以这里所说的"有机"不是化学上的概念——分子中含碳元素，而是指采取一种有机的耕作和加工方式。

有机食品标志

【化学小知识】

杀虫剂 DDT 的功与过

DDT 又叫滴滴涕，是二氯二苯基三氯乙烷的英文缩写，又称为双对氯苯基三氯乙烷，分子式为 $(ClC_6H_4)_2CH(CCl_3)$。其为白色晶体，不溶于水，溶于煤油，可制成乳剂，不易分解。其曾经是一种应用范围很广的含氯杀虫剂，为 20 世纪上半叶防止农业病虫害，减轻疟疾、伤寒等蚊蝇传播的疾病危害起到了不小的作用。1948 年，瑞士科学家缪勒（P.H.Muller）因发现 DDT 及其化学衍生物对害虫有剧烈毒性而获得了诺贝尔生理学或医学奖。但是人们逐渐发现 DDT 对环境污染过于严重，且 DDT 通过食物链，在人（或其他动物）体内富集，引起慢性中毒，它还可能是一种致癌物。自 20 世纪 60 年代起，各国各地陆续停止生产和使用 DDT。到 70 年代，DDT 已是世界各国明令宣布的禁用品。同时科学家们又发现和生产出了一些新的毒性较低的化学杀虫剂，开辟了对人无害的生物农药发展的新方向。

DDT 的结构

【想一想】

绿色食品和有机食品有何区别？

绿色食品是我国政府主推的一个认证农产品，分为 A 级和 AA 级两种，而其 AA 级的生产标准基本上等同于有机农业标准。绿色食品是普通耕作方式生产的农产品向有机食品过渡的一种食品形式。有机食品是食品行业的最高标准。绿色食品和有机食品都是安全食品，安全是这两类食品的突出共性。绿色食品只在我国得到认可，国际上尚无此概念，而有机食品的概念在国际上已经被普遍接受。

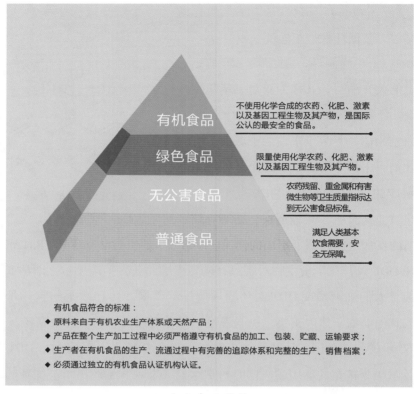

有机食品

不使用化学合成的农药、化肥、激素以及基因工程生物及其产物，是国际公认的最安全的食品。

绿色食品

限量使用化学农药、化肥、激素以及基因工程生物及其产物。

无公害食品

农药残留、重金属和有害微生物等卫生质量指标达到无公害食品标准。

普通食品

满足人类基本饮食需要，安全无保障。

有机食品符合的标准：
◆ 原料来自于有机农业生产体系或天然产品；
◆ 产品在整个生产加工过程中必须严格遵守有机食品的加工、包装、贮藏、运输要求；
◆ 生产者在有机食品的生产、流通过程中有完善的追踪体系和完整的生产、销售档案；
◆ 必须通过独立的有机食品认证机构认证。

安全食品结构

　　食品安全指食品无毒、无害，符合应当有的营养要求，对人体健康不造成任何急性、亚急性或者慢性危害。食品安全问题是个非常严肃而重要的问题，因为它关系着人体的健康。与其说健康是第一位，倒不如说食品安全是第一位，我们应该提高食品安全意识。安全食品结构从高到低依次分为有机食品、绿色食品、无公害食品以及普通食品四个等级。平时我们要增强食品安全意识，对食品进行选择和鉴别。购买食品时，尽量购买有食品安全标志的食品，如有机食品、绿色食品等。同时要查看其生产日期、保质期，不能买过期食品和没有生产日期、生产厂家以及质量合格证的"三无"产品。

【生活小窍门】

清洗水果小妙招

不同的水果含有不一样的营养成分，很多人把水果买回家后都只是简简单单用水清洗一遍就食用。水果清洗不干净，很容易让细菌和水果表面残留的农药进入身体引起不适。下面介绍几个清洗水果的小妙招，轻松洗干净水果。

一是用流动水清洗水果。比如葡萄、草莓、樱桃等，很多人买回来都是用清水浸泡一会，再清洗一遍就完事了。其实流动水是可以洗掉一些农药残留的。有些农药是水溶性的，用流动的水来冲洗水果，残留农药便会随水流走。

二是用盐水清洗水果。食盐有很好的杀菌作用，对于去除果蔬内的虫害也很有效。我们只需要将买回家的水果泡在水里，然后加入适量食盐，搅拌均匀后浸泡 20 min，之后再用清水冲洗一下就可以了，这样能有效去除水果上的农药残留，简单快捷。

三是用淘米水清洗水果。淘米水呈弱碱性，可以有效地清除农药残留。我们只需要将水果用淘米水浸泡 20 min，之后再用清水冲洗干净就可以吃到干净无残留的水果了。

四是用淀粉清洗水果。准备一盆清水，将水果放入清水里，然后在每个水果上撒上一些淀粉，搅拌均匀，浸泡片刻，之后再用清水清洗干净就可以了。因为淀粉具有吸附作用，能有效吸附水果表面的杂质细菌，所以可以有效清洗水果。

【考一考】

1.如何辨别食品包装及其标识？你能区别有机食品、绿色食品、无公害食品吗？

2.生活中如何安全购买食品？有哪些注意事项？